图解自然科普

NIAO SHOU CHONG YU XIE ZHEN JI 周宝良◎编著

鸟兽虫鱼写真集

吉林出版集团股份有限公司｜全国百佳图书出版单位

前言
PREFACE

自然世界丰富多彩，我们的衣、食、住、行，都取之于自然。大自然用水、空气以及一切资源养育着我们，我们赖以生存的自然环境是人类永远离不开的襁褓。资源有限，自然有情，我们要爱护环境，认识自然，亲近自然，关心自然。

我们每天享受着大自然带给我们的一切，可是又有谁能够清楚地了解它究竟是什么样子呢？没错，大自然所隐藏的奥秘是无穷无尽的。从气象到灾害，从进化到物种，可谓千奇百怪，神秘莫测，许许多多现象不可思议，让人类对自己的生存环境捉摸不透。破解这些谜团，就有助于人类社会向更高层次不断迈进。

自然奥秘是无限的，科学探索也是无限的，只有不断认识大自然，破解更多的神秘现象，才能使之造福于人类，我们的社会才能不断获得发展。

为了普及科学知识，激励广大读者认识和探索地球的无穷奥妙，我们根据中外最新研究成果，特别编辑了这套丛书，主要包括自然万象、植物、动物、微生物等方面的内容，具有很强系统性、科学性、可读性和新奇性。

　　本套丛书知识全面，内容精炼，图文并茂，形象生动，通俗易懂，能够激发读者对科学的兴趣和爱好，达到普及科学知识的目的，具有很强的可读性、启发性和知识性，是广大读者了解科技、增长知识、开阔视野、提高素质、激发探索和启迪智慧的优秀科普读物。

目录
CONTENTS

奶牛的生命轨迹

一头乳牛，从母体生下来后，经过十四五个月便发育成熟，经过受孕280天左右分娩，从此便开始泌乳。

如果饲养条件好，乳牛每年可生一胎，中间只有两个月断奶期，而产奶高峰期有5个月。

　　一头好乳牛每天要吃70千克至90千克饲料，最多可产60公升至80公升奶。乳牛吃的饲料，一部分用来维持生命，大部分通过血液输送到乳房去合成牛奶。

　　乳牛的乳房分前后左右4个乳区，每区都有单独乳腺。乳腺细胞作用很大，能将血液中的葡萄糖、氨基酸合成为脂肪、乳糖、酪蛋白，血液中的球蛋白、维生素和矿物质等透过乳泡膜进入乳泡腔成为乳的组成部分。

　　同肉类食品一样，我们现在饮用的牛奶，都来自于工厂化的养殖业，而不是来自传统的人畜共生的畜牧业。

　　一只牛在生长的过程中，会经过犊牛期，吃奶，过2个月后就

会断奶，称为断乳期，开始吃精料和草，之后经历青年期（3月~14月），奶牛就开始配种（14月~24月），一般从24月龄开始产犊，就进入了泌乳期，产奶300天后就进入干奶等待产。

乳业流水线上的奶牛，一辈子没谈过恋爱，甚至一辈子没有见过公牛，却一辈子不停地生小牛，一辈子在不停地被挤奶。在先进的乳业工厂里，奶牛根本看不到自己的孩子，小牛也见不到他们的母亲，一生下来就被母子分离。

母牛若产下的是小公牛，小牛的下场是直接卖给屠宰场作为肉牛，若产下的是小母牛，则它会步上牛妈妈的后尘，必须不断地怀孕产子。

　　在七八个轮回之后，奶牛体力衰竭，就被淘汰了。奶牛在产下上万公升的牛奶之后，就会被送到屠宰场，在那里它们变成汉堡包和牛排。奶牛们就是这样生活了一辈子！

拓展阅读

　　世界上奶牛品种有上百个，最著名的大型品种为"黑白乳牛"，小型品种为"娟姗牛"。黑白花牛别名"荷兰乳牛"，是世界上著名的乳牛种类之一，年平均产乳量为4100公升，最多达10000公升。

牛为什么会反刍

牛是牛属和水牛属家畜的总称，是草食性家畜。牛有4个胃，吃下的食物经过食道，先进入第一个胃，即瘤胃，然后进入第二个胃，即蜂巢胃，经过发酵，再送回嘴里反复咀嚼，使食物变成半液体，再送入第三个胃，即重瓣胃进一步磨碎，最后进到真正的胃里，即第四个胃就是皱胃，进行消化吸收。

牛的这种本事叫做反刍，这可是十分有用的本事。牛和猪、马这些只有一个胃的动物不一样，只有它有这个功能。那么牛为

什么要长4个胃呢？这4个胃和反刍又有什么关系呢？要知道这牛胃里究竟有什么秘密，还要从牛的一个习惯开始说起。

牛吃草是囫囵吞枣，嚼都不怎么嚼，就用舌头卷进去了。形成这样的吃草的习惯，最先是为了适应在野生状态下生存，因为牛的行动比较慢，肉食动物很容易抓到它。它在危险环境中的停留时间越短，就越能确保安全，所以它很快就把草吃了，然后就把草送进到胃里面，当处在安全的时候，它又将食物反刍进入口腔里进行咀嚼。后来，经过长期的生存磨练和生物进化，牛的这种反刍习惯就保存了下来。

牛的瘤胃的容积是4个胃中最大的，胃黏膜上有很多突起，瘤胃蠕动着，帮助磨碎饲料。

瘤胃更重要的作用是储存和发酵，温度恒定在39摄氏度至41

摄氏度，吃进去的草在里面停留一会儿，就开始发生变化。草里的淀粉和糖类、纤维素、蛋白质分别被消化，酶、微生物使之软化，这个转化过程中产生大量的酸性物质。

粗糙的食物刺激了瘤胃，瘤胃通过一些神经反射，通过盐水的呕吐，反射中枢，或者叫做逆呕中枢，再把食物返回去，一些比较大的草，刺到了瘤胃壁，引起瘤胃的收缩，草又通过食道，送到了牛的嘴里，和草同时上来的还有很大一部分酸性气体直接吐到空气中。

发酵后的草在牛的嘴里又开始被咀嚼，和第一次不同的是，这一次牛嚼得很慢很细。牛在细细的咀嚼中，不仅可以更好地消化，还可以混合唾液，这是很重要的。

唾液有帮助消化的作用，它里面含有大量的酶可以对食物进行一些分解，这是它的功能。

唾液是碱性的，可以中和瘤胃内微生物发酵产生的有机酸。使瘤胃中的酸碱度平衡。所以，让食物回到嘴里是牛消化中非常重要的环节。

拓展阅读

专家模拟瘤胃，做了个大的发酵罐，把瘤胃里的微生物放进去，营造和瘤胃相似的酸度和温度，将粗饲料，像草料之类的投进去发酵，再喂给猪、鸡之类单胃动物，结果这些动物只吃草也能长得很好。

公鸡打鸣的秘密

　　家鸡的祖先叫原鸡，生活在山林里。目前，我国的云南、广西、海南岛等地还有它们的足迹。它们晚上停在树枝上休息，每天很早醒来就高声鸣叫，目的是向大家宣布："这是我的地盘，不准侵占！"

　　虽然野生原鸡经过人类长期的驯化、饲养，改变了它们的生

活习性，变成了家鸡，但是仍保留了早晨鸣叫的习惯。

另外，鸡喜欢集群生活，一只公鸡常常带领许多母鸡，这就需要通过鸣叫召集大家，维持共同的生活纪律，保卫自己的地盘。

鸡是一种社会性动物。它们总有一大堆家庭琐事要处理。特别是作为家长的公鸡，更是要担负很多指挥和决策任务。比如，当公鸡发现了食物，它便会发出叫声呼唤妻妾们前来分享。如果

发现的是蚯蚓或者豆子这样的美味，它的叫声频率会比较高；反之，如果发现吸引力不高的米粒时，它的呼唤频率便会较低。

公鸡在白天大概每小时打鸣一次，只不过早上那第一声鸡叫划破了黎明的宁静，临近的公鸡接力下去，让人印象深刻。公鸡在夜里看不见东西，它们随时都有可能受到攻击，所以感到非常不安。到了清晨，公鸡的眼睛又能够看得到东西了，于是为了表达这种兴奋的心情，就打起鸣来。这也是公鸡对于光刺激的一种本能反应。

经过很长的时间，早上打鸣已成为公鸡的一种生活习性延续

下来。现在，即使将公鸡放到黑暗的地方，让它看不到光线，到了清晨，它还是一样要打鸣的。

此外，公鸡也是一种很好斗的动物，它通过打鸣来告诫其他的公鸡，不要到它的领地来，否则就不客气了。公鸡还通过打鸣来引起母鸡的注意，提醒母鸡，这有一个美男子，可千万不要到别的地方去。

拓展阅读

雄松鸡在吸引雌松鸡时，总是炫耀地竖起长长尖尖的尾羽，鼓起位于颈下的气囊，然后突然排空了气囊，发出令人难以置信的像鞭子抽打一样的声响。如果给公鸡做变性手术，摘掉它的睾丸，它的冠子就会逐渐变小，颜色也会慢慢减退。

不能飞翔的家鸭

鸭子，有家鸭与野鸭之分。野生的鸭，如绿头鸭，雄性的头部和颈部的羽毛呈亮绿色，所以人们称它为"绿头鸭"。

家鸭是由野生的绿头鸭经过人工长期驯化培育而成的。雄性家鸭的头部和颈部羽毛留有它祖先"绿头鸭"的影子。

鸭子天生会游弋，却不会孵蛋，不会飞。这是为什么呢？这得从家鸭的祖先野鸭说起。野鸭是候鸟，每年秋末冬初，成群的野鸭由西伯利亚和我国东北向南方迁飞，准备过冬；春天，自南北返，

回到故乡繁殖。

它们成群栖息在水中，全身披着紧密的绒羽，尾部有一对很发达的油脂腺，会分泌出油脂，胸毛也能分泌出一种"粉"状角质薄片。

野鸭休息的时候，经常用嘴在尾和胸部上啄擦，不断梳理全身的羽毛，在上面加层油。厚厚的羽毛能防止体温散失，野鸭就不怕冷了。比较轻的羽毛，能使野鸭浮在水面上，脚上的蹼当划桨，野鸭就能自由自在的在水中游弋。

家鸭天生会游弋，是它在人工培育中保持了野鸭的这种特性。可是，为什么野鸭会孵蛋，而家鸭不会孵蛋呢？

原来，野生的鸟类生了蛋，都得自己孵化，不这样，它就不

能繁衍后代，在自然选择中就会被淘汰。而家鸭不会孵蛋，是人工饲养的结果。

因为，人们养鸭子，目的是吃蛋和吃肉，鸭子要多产蛋，就得缩短它的孵蛋期。人们不断选择产蛋多的野鸭，只让它产蛋，而不让它孵蛋，这样一代代加以培育，经过变异和遗传，最后形成了家鸭不会孵蛋的习性。

野鸭会飞，家鸭不会飞，这也是人工饲养的结果。野鸭经过人工培育，生活环境温度适宜，不再随季节迁飞了，加之长年在水中活动，为了适应快速游泳，脚的位置也向后移了。

鸭子从河边上岸后，双脚已不在身体的中央，如果走路时不

把身体后仰，将重心移到双脚的中间，身体就无法取得平衡。加
之经过饲养后，鸭子的身体越长越肥，翅膀的功能渐渐退化了，
一代代繁殖下去，就变成了"不会飞的鸭子"。

拓 展 阅 读

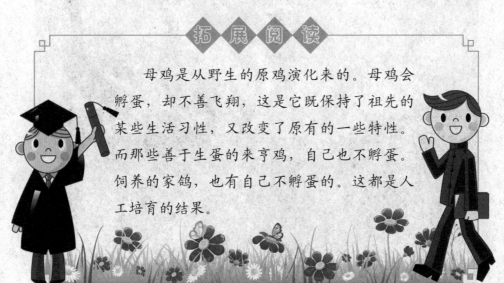

　　母鸡是从野生的原鸡演化来的。母鸡会
孵蛋，却不善飞翔，这是它既保持了祖先的
某些生活习性，又改变了原有的一些特性。
而那些善于生蛋的来亨鸡，自己也不孵蛋。
饲养的家鸽，也有自己不孵蛋的。这都是人
工培育的结果。

有趣的长脖子白鹅

　　鹅是人类驯化的第一种家禽，它来自于野生的鸿雁或灰雁。中国家鹅来自于鸿雁，欧洲家鹅则来自灰雁。

　　这些鹅的外形和习性各异：有些食植物，有些则食鱼；有些只能飘浮在水面上，有些则擅长潜水；有些是飞行能力最强的鸟

类之一，有些则不善于
飞行。

有几种天鹅如疣鼻
天鹅和大天鹅既是体型最大
的游禽，也是体型最大的飞禽之
一。疣鼻天鹅也是最优雅的鸟类，
常见于欧洲的公园中，在中国不太
常见。

我国养鹅历史至少有3000
多年了。白鹅、灰鹅和狮头鹅
都是人们长期培育的良种。

鹅经过长期饲养，虽然已
经失去飞翔的能力，却保留了祖先
的一些特性：机警勇敢，对同伙
相亲，对敌人警惕，晚上休息时
专有警戒的"哨兵"；遇到敌害来
袭，勇猛向前，群起而攻之。这在其他家禽中是很少见的。

很早以前，在英国的许多地方，人们都习惯用狗来看家。后
来人们发现白鹅也很适宜看家。

白鹅每天会像管家一样保护主人家的东西，如果看到陌生人
拿主人家的东西，或有形迹可疑的人，就会立刻大叫起来，并做
好搏斗的准备；若陌生人仍不放下手中物品，它就会飞扑上去，
用嘴啄他，直至放下物品为止。

白鹅这种生性忠厚、灵敏过人、不论白天黑夜都一刻不停地

守护家园的特点，赢得了人们的信任。所以，很多人都喜欢用忠诚的白鹅看守家园。

除了为人们看家，鹅还是人们的忠实助手。在我国南方，冬天的时候，农民常常喜欢把鹅放到沤田里，去淘食草根，这样既养了鹅，除了草，还为稻田施了有机肥。

在我国江苏省北部的棉农，农民常爱把鹅群赶进棉田去除草，鹅进到棉田后，会沿着田垄把杂草除净，却毫不伤害棉苗。

南美洲的棉农也喜欢用鹅来除草，一般来说，20只鹅就能保证150亩棉田不受到杂草的危害。

我国农民牧放鸭群的时候，常常夹养几只雄鹅，它们像羊群里的牧羊狗那样，忠于职守，遇到小兽来袭击，就以叫声发出警报，同时猛扑敌害，保护鸭群。

历史上有这样一个关于鹅的故事。公元前390年，罗马要冲卡庇托尔山城堡的守城士兵因节日狂欢喝得酩酊大醉。深夜，高

卢人来偷袭，逼近城堡时人们还在酣睡。幸好神庙里养着一群鹅，它们被敌人的脚步声惊动，大叫大嚷，把全城人都唤醒了，一同起来击退

了敌人。从此，罗马人把鹅当做灵鸟。人们特地建立了一座纪念碑，以纪念鹅的功绩，碑上立着一只鹅的塑像，正引颈张翅大鸣大叫呢！

拓展阅读

苏格兰一个酒厂老板吸取鹅群帮助罗马人击退偷袭者的经验，用鹅群作为巡逻队来保卫酒库。他用了90只鹅充当警卫，由于鹅的听觉比狗还灵，一有风吹草动，就会立即大叫起来。这些鹅群巡逻队担任警卫以后，酒库再也没发生过盗窃。

长耳朵的兔子

兔子可能是野生动物中最弱小的。它们不但没有能力去伤害其他动物，而且每天都生活在防备其他食肉动物攻击的恐惧之中，一个不小心，就会成为狐狸和老鹰的点心。

为了逃避敌人的捕猎，兔子必须常竖起耳朵，注意四面八方

的情形，以防万一。久而久之，兔子的耳朵自然就长得特别长。当声音从远处传来时，兔子的大耳朵会把声波收集起来，传给耳孔里的鼓膜，所以它的听觉灵敏度比人要高多了。只要一听到有可疑的声音，兔子肯定会掉头就跑。

野兔在必要时还会游泳逃走。白天它在草丛中或岩石下挖浅洞休息。遇到猛禽袭击时，便钻进草丛或灌木中躲起来，追急了

还能潜水过河以逃生。

　　兔子留给我们的印象永远都是红色的眼睛，白色的皮毛，但是生活经验告诉我们，并不是所有的兔子的眼睛都是红色的。

　　兔子眼睛的颜色与它们的皮毛颜色有关系。黑兔子的眼睛是黑色的，灰兔子的眼睛是灰色的，白兔子的眼睛是透明的。

　　那为什么我们看到白兔的眼睛是红色的呢？这是因为白兔眼睛里的血丝反射了外界光线，透明的眼睛就显出红色。

　　兔子的眼睛有红色、蓝色、茶色等各种颜色，也有的兔子左右两只眼睛的颜色不一样。或许因为兔子是夜行动物，所以它的眼睛能聚很多光，即使在微暗处也能看到东西。

　　另外，由于兔子的眼睛长在脸的两侧，因此它的视野宽阔，能把自己周围的东西看得很清楚，有人说兔子连自己的脊梁都能够看到。不过，它不能辨别立体的东西，对近在眼前的东西也看不清楚。

拓 展 阅 读

　　兔子生子：兔子是穴居动物，天生喜欢隐蔽的洞穴，母兔即将分娩之前会找一处隐蔽安全的地方挖洞用于产子。产子的前一天，母兔会出现拔毛的行为。它们在胸部和脚侧的位置拔毛，利用拔出来的毛来建窝给小兔子保温。

狗鼻子的秘密

　　狗的鼻子特别好用，能嗅出人所不能发觉的气味，嗅觉灵敏得使人惊讶，所以，狗有"靠鼻子生活的动物"之称。

　　狗的鼻子这么灵敏，是因为鼻子上有许多嗅觉细胞。不同的动物，它的嗅觉细胞个数不同。狗的嗅觉细胞特别多，而且能在许多种不同气味中分辨出所要跟踪的一种气味。

　　例如，狗不管走多远，也不管是白天还是黑夜，它都可以找到家，因为狗边走边撒尿，它靠着自己灵敏的鼻子，闻着自己撒过的尿，就可以回家啦！

狗的嗅觉器官叫嗅粘膜，位于鼻腔上部，表面有许多皱褶，其面积约为人类的四倍。

嗅粘膜内的嗅细胞是真正的嗅觉感受器，嗅粘膜内大约有两亿多个嗅细胞，为人类的40倍，嗅细胞表面有许多粗而密的绒毛，这就扩大了细胞的表面面积，增加了与气味物质的接触面积。

气味物质随吸入空气到达嗅粘膜，使嗅细胞产生兴奋，沿密布在粘膜内的嗅神经传到嗅觉神经中枢——嗅脑，从而产生嗅觉。

嗅觉灵敏的动物，鼻子都又长又突出，鼻孔大而湿润，狗鼻子正是这样，几乎占整个脸部的2/3。

狗鼻子尖上有一块不生毛的地方，上面也有很多嗅觉细胞。所以狗的嗅觉才特别灵敏。

当警犬嗅过犯人遗留下的脚印或物品的气味后，立刻传给大脑便牢牢记住，所以它才能帮助警察捉坏人。狗还能记住一些矿

物的味道，帮助人们找寻矿藏。

有一种牧羊犬，有22000万个嗅觉细胞，在鼻腔里占的面积达150平方厘米。

狼犬的嗅觉灵敏度可以比人高出40倍以上，而且其鼻孔长而大，适合分析空气中的微细气味。

有的嗅觉极为灵敏的狗，竟比人灵敏100万倍。据测定，狗能够感觉200万种物质和不同浓度的气味。在一桶水中滴入数滴碳酸，狗就能够分辨出来。

有人还发现，狗对人脚汗中的脂肪酸十分敏感。据计算，如

果每天人的每只脚分泌的汗液为16立方厘米，其中1%穿过鞋底透出来的话，则在每个脚印上就留下$2.5×10^{11}$个脂肪酸分子，狗就足以嗅出人的踪迹。由于狗具有惊人的嗅觉，大大扩大了狗的用途。

拓 展 阅 读

狗有时会吃草，但吃得很少，它吃草的目的不是充饥，而是清胃。当狗感到消化不良，胃里发烧时，就吃点草，草变成粪便排泄时，把肠胃里其他东西也一同排泄出去，这样就减少了疾病的发生。

狗舌头的功能

狗是人类的朋友，它不仅为人类看家护院，还帮助人类抓获坏人、救助伤员和侦察敌情等。不知你有没有注意，每到夏天或长距离奔跑后，狗总是爱张着嘴，吐着又红又长的舌头，不停地喘着气，显得很痛苦。

这不是狗累得喘不过气来，而是因为狗身上没有汗腺，只能

靠伸出舌头来散发湿热的气体，以此降低体温。研究发现，狗全身只在脚内侧和爪间有少量汗腺，无法像人一样靠流汗来降温。

狗的身体不会出汗，不能自我调节温度，它更不会因为热而停止活动，给自己及时补水。人们发现，狗喝水时感觉比较痛苦，它要靠舌头舔卷才能把水喝下去，而且平均每喝一杯水要舔100多次舌头。

由于狗的汗腺全在舌头上，所以看到狗吐出舌头喘气说明狗很热，需要喝水降温或静下来停止活动。

一般地讲，短鼻子的狗比长鼻子狗更怕热，更不容易散热。

狗正常的体温应该在37.8摄氏度至39摄氏度，体温到达40.65摄氏度时内脏器官开始受损，体温到达41摄氏度以上时就属于高度危险了。

在高热的环境或者是高湿闷热气候下，最快20分钟狗就有可

能因身体系统衰竭而死亡，所以中暑是夏季或其他闷热天气条件下对狗健康的最大威胁。

狗一旦中暑，就会张着嘴大喘气，喘气时肺部伴有杂音，嘴上出现唾沫。走路时身体摇摆失去平衡，虚弱、意识模糊，最后是倒地死亡。

当狗出现中暑症状后，主人应该马上先采取自救，而不是一味地等待兽医。最重要的是要尽快使狗的体温降下来，方法是用凉水冲淋到狗的身体上，也可以把狗放到冷水浴盆里降温。然后以最快速度把狗送到兽医诊所。

狗在这种情况下一般不会自己喝水，所以要送到兽医诊所，采取点滴和其他方式迅速补充水分或其他药物进行治疗。

　　人类与狗之间常存在强烈的感情纽带。狗已经成为人类的宠物或无功利性质的同伴。因此，我们应该关心它们，爱护它们，使它们与我们一起健健康康地生活。

拓　展　阅　读

　　狗是杂食性动物，以肉食为主，在喂养时，需要在饲料中配制较多的动物蛋白和脂肪，辅以素食成分，以保证狗的正常发育和健康的体魄。狗的消化道比食草动物要短，加之肠壁厚吸收能力强，所以容易和适宜消化肉食食品。

爱捉老鼠的猫

　　猫的身体分为头、颈、躯干、四肢和尾五部分，大多数全身披毛，少数为无毛猫。

　　猫的趾底有脂肪质肉垫，因而行走无声。捕鼠时不会惊跑鼠，趾端生有锐利的爪，能够缩进和伸出。

　　猫在休息和行走时爪缩进去，捕鼠时伸出来，以免在行走时发出声响，还可以防止爪被磨钝。

　　猫的牙齿分为门齿、犬齿和臼齿。犬齿特别发达，尖锐如锥，适于咬死捕到的鼠类，臼齿的咀嚼面有尖锐的突起，适于把肉嚼碎。猫行动敏捷，善跳跃。它猎食小鸟、兔子、老鼠、鱼

等。猫之所以喜爱吃鱼和老鼠，是因为猫是夜行动物，为了在夜间能看清事物，需要大量的牛磺酸，而老鼠和鱼的体内就含牛磺酸，所以猫不仅仅是因为喜欢吃鱼和老鼠而吃，还因为自己的需要所以才吃。

猫眼睛的瞳孔特别大，在不同强度的光线照射下，它可以改变瞳孔的形状和大小。在明亮的强光刺激下，瞳孔缩得像线一样细；在黑暗的地方，瞳孔就放大得像十五的月亮那样又圆又大。

人的瞳孔也能调节，当我们进到黑暗的电影厅里10多分钟后，就能看清楚周围的东西，这是我们眼睛的瞳孔调节的作用。但猫眼睛的瞳孔调节得十分迅速，只要一转头的时间，瞳孔就能改变。由于猫眼睛瞳孔能变得特别大，能把极微弱的光线收集到瞳孔内，所以在光线很暗的环境中也能看清东西。如果在完全黑暗的状况下，猫还是看不见的，不过，在昏暗的状况下，猫的夜视比起我们人类或其他动物还是好很多的，主要的原因在于猫的眼睛结构。

如果以猫的头径大小比例来看，猫的眼睛占其头部很大的比例，眼球的结构是由很多层结构所组成的。白色的部分，称之为巩膜，由一层很坚韧的物质所组成，内部含有相当多的血管可以运输氧气及养分以提供眼球所需的养分。透明的部分，称之为角膜，这个部分是由很薄的单层细胞所组成，所以相当的清澈透明，光线能够在不受阻碍的状况下进入眼球内部。猫可以将瞳孔

上的虹膜打开的非常大，尽可能让微弱的光线进入眼球，以达到能看见的目的。

此外，猫眼球底部的绒毡层也比较发达，这一层结构在鹿和浣熊的眼睛上都有，这一层也就是这些动物在夜晚遇到强光照射眼睛时，眼睛会发光的原因。

拓展阅读

猫在一天中有14个小时至15个小时在睡觉，有的要睡20小时以上，所以被称为"懒猫"。但是，仔细观察猫睡觉的样子就会发现，只要有点声响，猫的耳朵就会动。有人走近时，它就会腾地一下蹿起来，这说明它睡得不是很死。

猫的特殊本领

　　常听说有猫从几层楼上摔下来，但没死！这是什么原因呢？美国有个兽医学会研究了这种现象。

　　他们分析了132只猫，分别从6米至100米高度摔下，能活下来的占90％。另外，在20米高度以内，随着高度的增大，猫的死伤率增大；超过20米高度，随高度增加，猫的死伤率反而减少。

　　这是什么原因呢？第一个原因是，猫善于爬树，它有非常完善的平衡系统，这个平衡系统位于它的内耳。

　　当猫从空中下落时，不管开始时是否背朝下，四脚朝天，在

下落过程中，猫总是能迅速地转过身来，当接近地面时，前肢已做好着陆的准备，落地时总是四脚着地，很平稳不易受伤。

猫的尾巴也是一个平衡器官，如同飞机的尾翼一样，可使身体保持平衡。

除此之外，猫的四肢发达，前肢短，后肢长，利于跳跃，其运动神经发达，身体柔软，肌肉韧带强，平衡能力完善，因此在攀爬跳跃时尽管落差很大，而不会因失去平衡而摔死。

猫能在高墙上若无其事地散步，轻盈跳跃，它只需轻微地改变尾巴的位置和高度就可取得身体的平衡，再利用后脚强健的肌肉和结实的关节就可敏捷地跳跃，即使在高空中落下也能在空中改变身体姿势，轻盈准确地落地。

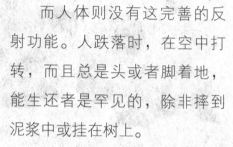

而人体则没有这完善的反射功能。人跌落时，在空中打转，而且总是头或者脚着地，能生还者是罕见的，除非摔到泥浆中或挂在树上。

猫脚趾上厚实的脂肪质肉垫，能大大减轻地面对猫体反冲的震动，可以有效地防止震动对各脏器的损伤作用。

猫还有另一个能力，就是在跌落过程中，身体形成降落伞形状，对空气形成一个阻抗面，降低了下降的速度。同时，它的爪子会向外分开，从而便减弱了落地的冲撞力量。

在20米以上高空跌落时，猫可以进行滑翔，因此也就更加安全。

　　美国科学家发现，猫在休息时，喉咙中会发出一种"呼噜呼噜"的声音，而这种声音是猫自疗的方式之一。科学家指出，无论是家猫或野猫，在受伤后都会发出"呼噜呼噜"的声音。这种由喉头发出的"呼噜"声有助于它们疗治骨伤及器官损伤，同时也可使它们更为强壮。

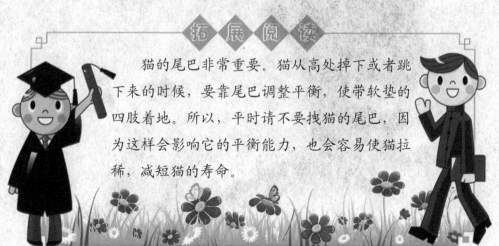

拓展阅读

　　猫的尾巴非常重要。猫从高处掉下或者跳下来的时候，要靠尾巴调整平衡，使带软垫的四肢着地。所以，平时请不要拽猫的尾巴，因为这样会影响它的平衡能力，也会容易使猫拉稀，减短猫的寿命。

老鼠的生命奇迹

　　老鼠在哺乳动物中，个体数量最多，分布最广，但它给人类带来很大的危害，可算是人类的敌害。多少年来，人们一直在想方设法消灭老鼠，但始终不能把它绝灭。

　　人们先用机械的办法捕杀老鼠，但这种办法杀灭老鼠的数量

十分有限。近几十年来，人们发明了许多杀灭老鼠的药物。可每次用一段时间后，这些药物就失去了作用。

后来人们还发现了不怕老鼠药的老鼠。科学家研究发现，这种老鼠已具有遗传性的抗药能力。也就是说这种老鼠已具备了抗药的基因，它们的子子孙孙也都能抵抗药物。

老鼠不但不怕药物，而且连具有强大杀伤力的核放射也不怕。第二次世界大战之后，美国在西太平洋埃尼威托克环礁的恩格比岛和其他岛屿上试验原子弹，炸出一个巨大的弹坑，同时放射出强大的射线。

几年后，生物学家来到恩格比岛，发现岛上的植物、暗礁下

的鱼类以及泥土都还有放射物质，可是岛上仍有许多老鼠。这些老鼠长得健壮，既没有残疾，也没有畸形。

有趣的是老鼠也有集体自杀的现象。

在挪威、瑞典等北欧地区，有一种老鼠叫旅鼠。这种老鼠体长0.1米至0.15米，尾巴短，毛呈黑褐色，每隔三四年，当旅鼠缺乏食物时，就成群结队地离山而去。

它们跋山涉水，前赴后继，勇往直前，沿途的植物全部被吃完。它们一直走到大海边，跳入海中，全部被淹死。从表面上看，每一次自杀的老鼠数量都很大。

然而，老鼠的繁殖力强，成活率高，一只母鼠在自然状态下，每胎可产出5只至10只幼鼠，最多的可达24只。其妊娠期只

有21天，母鼠在分娩当天就可以再次受孕。幼鼠经过30天至40天发育成熟，其中的雌性，即加入繁衍后代的行列。如此往复，母鼠一年可以生

育5000左右子女，至于孙子、孙女、曾子、曾孙辈已多到无法计算。所以说，自杀的老鼠与老鼠的总体数量相比，那就像大海中的一滴水了。

拓展阅读

　　1981年春，西藏墨脱的一个江边，成群的老鼠聚集在那儿，集体从山崖顶上往江里跳。结果所有老鼠都被淹死了。科学家认为，可能那些到了江边的老鼠，认为江只不过是一条它们可以游过的小溪，而没有意识到那是游向死亡。

喜欢唱歌的白鲸

　　白鲸是一种生活于北极地区海域的鲸类动物，通体雪白，生性温和，现存数量约10万头，十分珍稀。白鲸属大型鲸类的一种，以新鲜鱼虾为食。由于生活在冰雪覆盖的北极，所以洁白无瑕的肤色成为它的天然保护色。

白鲸以多变化的叫声和丰富的脸部表情而闻名，早期被称之为"海中金丝雀"。

它们的活力与适应力、特殊的外貌、易受吸引的天性以及可接受训练等因素，使其成为海洋世界的明星。

白鲸是鲸类王国中最优秀的"口技"专家，它们能发出几百种声音，而且发出的声音变化多端，能发出猛兽

的吼声、牛的"哞哞"声、猪的呼噜声、马嘶声、鸟儿的"吱吱"声、女人的尖叫声、病人的呻吟声、婴孩哭泣声等，简直五花八门，无奇不有。

白鲸不停地"歌唱"，实际上是在自娱自乐，同时也是同伴之间的一种语言交流。

白鲸还可以借助各种"玩具"嬉耍游玩，一根木头、一片海草、一块石头都可以成为它们的游戏对象。

它们可以顶着一条长长的海藻，一会儿潜泳，一会儿浮升，嘴里不停地发出欢快的声音。

　　有时它们迷上了一块像盆子大小的石头，先是用嘴拱翻石头玩，接着把石头衔在嘴里跃出水面，更叫绝的是它们会把石头顶在头上像杂技演员那样在水面上表演。

　　白鲸不仅体态优雅，也非常爱干净。许多白鲸刚游到河口三角洲时，全身会附着许多寄生虫，外表和体色也显得十分肮脏，这使他们自己感觉极不舒服。

　　这时它们会纷纷潜入水底，在河底下打滚，不停地翻身。还有一些白鲸则在三角洲和浅水滩的砂砾或砾石上擦身。

　　它们天天这样不停地翻身，一天长达几个小时。几天以后，白鲸身上的老皮肤全部蜕掉，换上了白色的整洁漂亮的新皮肤，通体颜色焕然一新，非常美丽。

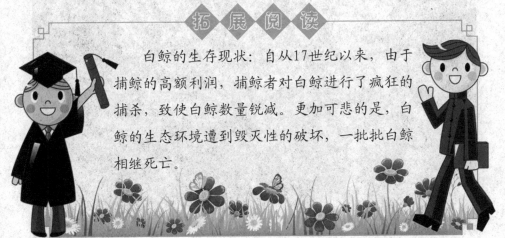

拓 展 阅 读

　　白鲸的生存现状：自从17世纪以来，由于捕鲸的高额利润，捕鲸者对白鲸进行了疯狂的捕杀，致使白鲸数量锐减。更加可悲的是，白鲸的生态环境遭到毁灭性的破坏，一批批白鲸相继死亡。

海洋动物海百合

　　有一种生活在幽深海底的、形态如同百合花一样美丽的动物，人们叫它"海百合"。

　　海百合柔软的肉体，由无数细小的骨板连接包裹起来，既灵活自如，又能保持它亭亭玉立的姿态。它们的"茎"，长约0.5米，五棱形状，分许多个节，节上长出卷枝。它的头顶上有朵淡

红色的"花"——那根本不是花，是只捕虫的网子。

海百合的嘴，长在花心底部。嘴巴周围有条"腕"，每条从基部分成两大枝，每枝再分出两小枝。这样一来，它便像长了20只手似的。每条腕枝上，还分生出羽毛般的细枝来，那如同网子的横线，可用来挡住入网的虫子，不让它们漏网逃走。

海百合大小腕枝内侧，有一条深沟，名叫"步带沟"，沟内长着两列柔软灵活像指头一样的小东西，那叫"触指"。

它迎着海水流动的方向撒开，如同一朵盛开的鲜花。

一批随水闯入的小鱼虾，懵懵懂懂，被它步带海沟里的触指抓住、弄死，然后像扔上传送带的肉，由小沟送进大沟，再由大沟送入嘴里。

当它吃饱喝足时，腕枝轻轻收拢下垂，宛如一朵即将凋谢的

花——那是它正睡觉呢！

海百合一辈子扎根海底，不能行走。它们常遭到鱼群蹂躏，一些海百合被咬断茎秆，一些海百合被吃掉花儿，最后落得悲惨的结局。

在弱肉强食、竞争激烈的大海中，曾有一批批被咬断茎秆，仅留下花儿的海百合，大难不死存活下来。因为它们终归不是植物，茎秆在它们的生命中，并不显得那么生死攸关。

这种没柄的海百合，悠悠荡荡，四处漂流，被人称作"海中仙女"。生物学家给它另起美名——"羽星"。羽星体内含有毒素，许多鱼儿不敢碰它。但是仍有一些不怕毒素的鱼，对它们毫不留情，狠下毒手。

为了生存，它们只好大白天钻进石缝里躲藏起来。入夜才偷偷摸摸成群出洞。它们捕食的方法，还是老样子——腕枝迎向水流，平展开来，像一张蜘蛛的捕虫网，守株待兔，专等猎物送食上门。

拓展阅读

海百合是典型的滤食者，捕食时将腕高高举起，浮游生物或其他悬浮有机物质被管足捕捉后送入步带沟，然后被包上黏液送入口中。在古代，海百合的种类有5000多种化石种，所以在地质学上有的石灰岩地层全部由海百合化石构成。

鱼类的医生——清洁鱼

　　生活在海洋里的鱼和人一样，不断地受到细菌等微生物和寄生虫的侵袭。这些令人讨厌的小东西黏附在鱼鳞、鳃、鳍等部位，就会使鱼染上疾病；同时，鱼之间也在不断发动战争，一旦受了伤，也需要治疗。那么有谁会给它们治病吗？

　　有，那就是清洁鱼。鱼一生了病，它们就去找清洁鱼。

　　清洁鱼给鱼治病，既不打针，也不吃药，而是用它那尖尖的

嘴巴清除病鱼身上的细菌或坏死的细胞。由于它们经常在其他鱼类体表或口腔、腮腔里啄食寄生虫和黏液，为其他鱼类除虫治病，故得名"医生鱼"。

不过它在给鱼治病的时候，对病鱼也有很严格的要求，要求它们必须头朝下，尾巴朝上，笔直地立在它面前，否则它就不给治疗。

假如鱼得病位置是在喉咙，那么，病鱼就必须乖乖地张开嘴巴，让医生进去清除。经过它们的治疗，病鱼几天内就会痊愈，真可谓"妙手回春，嘴到病除"。

由于"医生鱼"使其他鱼类保持身体健康和舒适，所以鱼类永不伤害和捕食"医生鱼"，以此作为报酬。就连平时凶恶异常

的鲨鱼，高大威猛的龙趸，牙尖嘴利的裸胸鳝，见到"医生鱼"游来，都会显得特别温顺，任由医生鱼进入自己的口腔或腮腔里清污，不会把"医生鱼"吃掉。

"医生鱼"有两种，一种叫"裂唇鱼"，体型只有一般人的手指长，嘴长牙尖，多半在珊瑚礁、岩石旁，为体型大的鱼清除伤口细菌、寄生虫等达到为鱼治病的目的，因此在海洋中很受大型鱼的欢迎。

裂唇鱼幼鱼为黑色而带有蓝带，长大后变为黄色而有黑带。

每个珊瑚礁区都有几条此鱼负责该地区其它鱼的看病工作。夜间栖息岩间小洞，会吐粘液把身体裹住。

另一种叫温泉鱼，又名星子鱼，原产于土耳其，是一种有灵性的热带鱼，喜欢啄食人体皮肤代谢物。

此鱼属热带鱼类，主要分布于中东地区。一般生存在18摄氏度～43摄氏度的温泉水、加热水、半咸淡水和高温水中。

当你进入温泉后，温泉鱼灵巧的小嘴会"亲吻"你

的肌肤，不但能够清洁肌肤，还能有一种妙不可言的感觉，这就
是久负盛名的"土耳其鱼疗"。

在海洋里，大约生活着40多种清洁鱼。它
们专门在海底珊瑚礁、岩石旁、海草茂盛水流
不急的水域或沉船残骸附近开设"医院"，"免
费"为这些需要治疗的鱼儿"治病"。一条清洁
鱼在6个小时内能医治几千条病鱼呢！

名不符实的八目鳗

八目鳗长得与海鳗十分相似，身体圆长而且灵巧，它与海鳗不同的是，在它头部后面两侧，各生有7个鳃孔，这7个鳃孔与眼睛排列在一起，就像8对眼睛，所以叫八目鳗。

八目鳗，又名七鳃鳗，外形与蛇、黄鳝相似，腹面有陷入呈漏斗状的吸盘，张开时呈圆形，周围边缘的皱皮上有许多细软的

乳状突起。

八目鳗的口在漏斗的底部，口的两侧有许多黄色角质齿，口内有肉质呈活塞形的舌，舌上有角质齿。

八目鳗鱼是一种能分泌滑腻黏液的海鳗，通常能长至40厘米至80厘米。它们生活在1300米深的海底淤泥里，只露出自己的头。

这种鳗鱼的嘴里只有一个牙齿，而舌头上却长着一些像牙齿一样的圆盘。它有一种令人恶心的饮食习惯——只吃死掉的和垂死的海洋动物，而且进食方式十分独特。

它在吃食时，先用那颗独牙在动物尸体上钻一个洞，然后钻入动物的内部开始吃，先吃掉龌龊的肠肚，再吃下不太新鲜的肉，最后吃得只留下一具白森森的尸骸。

八目鳗已经进化出一种具有类似吸血功能的"电动小圆锯"。科学家将这种动物归类为无颚纲鱼类，但千万不要被这种定义所欺骗。

它们虽然属于无颚纲，但它们有其他的弥补方式，也就是拥有一个大大的、圆形的嘴巴，嘴巴内有一圈锋利的牙齿。当八目鳗用口盘叮住一条鱼时，它就开始紧紧地咬住对方，咬穿皮肉后

吸食其中的血液。

八目鳗鱼生活在没有什么光线的海底，所以视力极差，无法依靠眼力觅食，但它的嗅觉很好，只要一有死亡的气味，它能立即察觉到。

八目鳗是一种典型的海、江河洄游性鱼类。它的寿命为7年，幼鱼在江河里生活4年后，经变态下海，在海里生活两年后又溯江进行产卵洄游。

在洄游途中，常常依赖吸盘状口吸附在与它们同一方向行进的大鱼身上，由其带着前进，并吸食其血。

雄性八目鳗见有雌性八目鳗经过时，会一下子吸住其鳃穴，

并勒紧雌体。雌性则吸住旁边的岩石。

　　产卵后，雌性和雄性八目鳗都会死去，它们的幼体被称为
"沙隐虫"。

拓 展 阅 读

　　七鳃鳗已成为一大公害，它是一种没有天敌的外来物种。它们破坏江湖里的经济鱼类，使当地渔业因其入侵泛滥而遭受巨大损失。美国和加拿大两国正在联手治理七鳃鳗的危害。

能够爬树的弹涂鱼

弹涂鱼身体长形，前部略呈圆柱状，后部侧扁。眼睛位于头部的前上方，突出于头顶，两只眼睛距离很近。它腹鳍短并且左右愈合成吸盘状。肌肉发达，因此可跳出水面运动。

弹涂鱼多栖息于沿海的泥滩或咸淡水处，能在泥、沙滩或岩石上爬行，善于跳跃。平时匍匐在泥滩、泥沙滩上，受惊时借助尾柄弹力迅速跳入水中或钻洞穴居，以逃避敌害。

　　弹涂鱼在离开水去远行的时候，先在嘴里含上一口水，以此延长它在陆地上停留的时间。因为嘴里的这口水可以帮助它呼吸，就像潜水员身上背的氧气罐，而弹涂鱼的"氧气罐"就是充满了水的嘴。

弹涂鱼的腹鳍演化出吸盘，这可以帮助它稳固地停留在自己的位置上。坚

图解自然科普

强有力的腹鳍支撑着身体，而演变的很好的胸鳍肌肉则把身体向前拉，这样弹涂鱼就可以在陆地移动了。

弹涂鱼把鳍当成桨，像在海中划水一样在泥上行走。不过，弹涂鱼还是完全依赖海水来获得维持生命的氧气。当它张开嘴进食的时候，口中维持生命的含氧的水马上会流出来，所以它必须立即补充水，否则就会窒息。

由于浅滩上的水有可能干涸，所以在泥土还是湿的时候，弹涂鱼就给自己挖了个洞，当掩蔽所使用。这个洞一直挖至水线以下，这样即使是在干旱的天气，弹涂鱼还是可以得到海水，供它呼吸之用。泥洞成了弹涂鱼的理想家园，它在这里养育后代。泥洞给小鱼提供了必需的水源条件，等小鱼长大以后，就可以嘴中含口水到陆地上探险。

弹涂鱼有鳃，是真正的鱼，但它却长期居住在陆地上，成为

最初的两栖动物。尽管弹涂鱼喜欢在烈日下跑来跑去，但它们终究是鱼，所以必须随时使身体保持湿润，否则就会死亡。

　　它们虽然居住在陆地上，但其身体结构变动很少，因此必须定时把身体浸在水中。仅仅在嘴里含口水来吸取氧气是不够的，弹涂鱼要经常保持身体的湿润以防止危险的脱水现象。因此弹涂鱼的所有活动都是在水塘周围进行的。

拓 展 阅 读

　　弹涂鱼具有挖钻孔道而栖息的习性，孔道的孔口至少有两个。一处为正孔口，是出入的主通道；另一处为后孔口，是出入的支通道，可畅通水流与空气。孔道为"丫"型，这里也可作为它的"产卵室"。

比目鱼的名字由来

　　比目鱼是两只眼睛长在一边的奇怪鱼，被认为需要两鱼并肩而行，故名比目鱼。它是海水鱼中的一大类，为底层海鱼类，其分布与环境，如海流、水和水温等因素有密切关系。

　　从卵膜中刚孵化出来的比目鱼幼体，完全不像父母，而是跟普通鱼类的样子很相似。眼睛长在头部两侧，每侧各一个，对称生长。

　　它们生活在水的上层，常常在水面附近游弋。大约经过20多天，比目鱼幼体形态开始变化。

　　当比目鱼的幼体长到一厘米时，奇怪的事情发生了。比目鱼一侧的眼睛开始搬家，它通过头的上缘逐渐移动到对面的一边，直至跟另一只眼睛接近时，才停止移动。

　　不同种类的比目鱼眼睛搬家的方法和路线有所不同。比目鱼的头骨是软骨构成的，当比目鱼的眼睛开始移动时，比目鱼两眼间的软骨先被身体吸收。这样，眼睛的移动就没有障碍了。

　　比目鱼眼睛移动时，它的体内构造和器官也发生了变化，渐渐不适应漂浮生活，只好横卧海底。

　　在危机四伏的海底世界里面，比目鱼是形形色色的捕食者的

目标。

　　为躲避天敌的进攻，比目鱼练就了一身高超的隐身术，这种隐身术便是比目鱼的肤色有可变化的保护色。

　　比目鱼能根据环境的变化而迅速改变体色。科学家们曾做过试验，把水族箱背景染成白、黑、灰、褐、蓝、绿、粉红和黄色等不同颜色，发现，比目鱼在通过不同的色彩背景时，能迅速变成同背景一致的颜色。

　　这是因为在比目鱼的皮肤内，有大量色素细胞。每个色素细胞内，又分布着许多细微的色素输送导管。

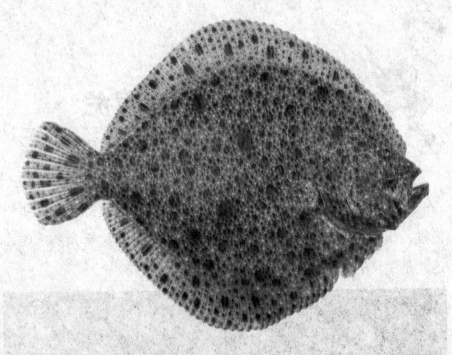

　　当比目鱼的眼睛观察出周围环境色彩的变化时，它的体内便能产生与环境相一致的色素，通过导管扩散或聚集，魔术般地变化出与环境色彩一模一样的色彩和斑纹。

拓 展 阅 读

　　比目鱼是海水鱼中的一大类，包括鲆科、鲽科、鳎科三种鱼类。鲆科中常见的有"牙鲆"、"斑鲆"、"花鲆"；鲽科中常见的有"高眼鲽"、"石鲽"、"木叶鲽"、"油鲽"；鳎科中常见的有"舌鳎"等。

有趣的海马和叶海龙

　　海马是海洋鱼类，但是外形却不像鱼，它的头部像马，尾巴像猴，眼睛像变色龙，还有一个鼻子，身体像有棱有角的木雕，这就是海马的外形。

　　海马常成卷曲状，头与躯体成直角，并因为头酷似马头而得名。它没有腹鳍和尾鳍，用其背鳍扇动做垂直游弋。

　　海马生殖系统结构和繁殖方式很特殊，护幼工作都由雄鱼来承担。

　　雄海马在肛门后端有一个发达的育儿囊，在生殖期间育儿囊就变得肥厚，并密布血管，这样育儿囊不但能容纳卵子，而且还能供给胚胎所需要的营养，与此同时雌海马的泄殖腔形成一生殖突，此突是把卵子运到雄性体内的插入器官。

　　在生殖季节，性成熟的海马，一般在早晨发情。先是雄海马追逐雌海马，这时体色迅速变化，体表由黑色变为金黄色或黄色。兴奋达到高潮时，雌雄海马由平行转为相对而游，并且腹部

迅速靠近。进入交尾时，雌海马将生殖突和雄海马张开的育儿囊口相吻合，并将金黄色的卵排入雄海马的育儿囊中受精。

受精卵在育儿囊内约经8天至20天孕育孵化，由父体分娩。

雄海马一般在拂晓产苗，它一会儿弯曲身体，一会儿伸直身体，交替进行使其育儿囊受压，然后喷出一团团烟云状物，在水中散开，这就是海马的幼苗。

幼苗离开父体后即能独立生活。这种雄鱼能产仔的特殊繁殖方式，在动物界是非常少见的。

与同一家族的海马一样，外观像海藻叶又像龙的叶海龙，无疑是海洋鱼类中最让人惊叹的生物物种之一。

叶海龙是海洋生物中杰出的伪装大师，它伪装的道具就是精细的叶状附肢。叶海龙的身体由骨质板组成，并向四周延伸出一株株海藻叶一样的瓣状附肢。

此外，叶海龙还利用其独特的前后摇摆的运动方式伪装成海藻的样子以躲避敌害。

叶海龙伪装性极强，它全身由叶子似的附肢覆

盖，就像一片漂浮在水中的藻类，并呈现绿、橙、金等体色。

　　只有在摆动它的小鳍或是转动两只能够独立运动的眼珠时才会暴露行踪。

拓展阅读

　　叶海龙主要栖息在隐蔽性较好的礁石和海藻生长密集的浅海水域，无论形态、生活习性和食物习性都与海马很相似。因其身上布满形态各异的绿叶，游动起来，摇曳生姿，被称为"世界上最优雅的泳客"。

鸟会飞的原因

　　鸟类是一种奇怪的动物，因为它们会飞。鸟是从爬行动物进化而来的，鳞片变成了羽毛，羽毛不仅可以保温，还能使鸟身体的外形成为流线型，在空气中运动时受到的阻力变小，有利于飞翔。

　　羽毛的一部分慢慢变大变长，成为翅膀，鸟上下扇动翅膀，产生了上升力和推进力，就可以在空中任意飞翔了。

　　靠扇动翅膀产生的上升力是有限的，所以鸟类还要尽量使自己的身体变轻。因此，所有的鸟嘴里都不长牙齿，骨骼变得坚薄而轻，骨头是空心的，里面充有空气。

　　解剖鸟的身体骨骼还可以看出，鸟的头骨是一个完整的骨片，身体各部位的骨椎也相互愈合在一起，肋骨上有钩状突起，互相钩接，形成强固的胸廓，鸟类骨骼的这些独特的结构，减轻了身体重量，加强了支持飞翔的能力。

　　鸟的胸部肌肉非常发达，还有一套独特的呼吸系统，与飞翔生活相适应。鸟类的肺实心而呈海绵状，还连有9个带薄壁的气孔。在飞翔中，鸟由鼻孔吸收空气后，一部分用来在肺里直接进行碳氧交换；另一部分是存入氧气，然后再经肺而排出，使鸟类在飞翔时，一次吸气，肺部可以完成两次气体交换，这是鸟类特有的"双重呼吸"，保证了鸟在飞翔时的氧气充足。

鸟类为了适应飞翔生活，必须尽量减少自身的重量，它们不能像哺乳类一样在体内孕育幼鸟，到一定时间才生产，那样就势必影响飞翔，会遭到敌害捕杀。所以鸟类只有选择生蛋的方法。

鸟类的翅膀是它们拥有飞翔绝技的首要条件。在同样拥有翅膀的条件下，有的鸟能飞得很高，很快，很远；有的鸟却只能做盘旋，滑翔；有的鸟则根本不能飞翔。

鸟类的翅膀具有许多特殊功能和结构，使得它们不仅善于飞翔，而且会表演许多飞翔"特技"，这些特技还是目前人类的技术难以达到的。小小的蜂鸟是鸟中的"直升机"，它既可以垂直起落，又可以退着飞翔。在

吮吸花蜜时，它不像
蜜蜂那样停落在花上，
而是悬停于空中。这
是多么巧妙的飞翔技
巧。制造具有蜂鸟飞翔特性的垂直
起落飞机，已经成为许多飞机设计师梦寐以求
的愿望。

拓 展 阅 读

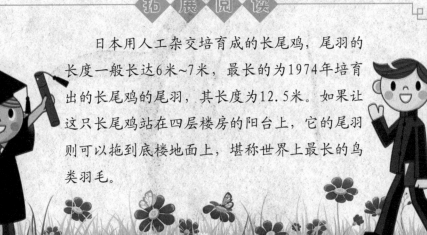

日本用人工杂交培育成的长尾鸡，尾羽的
长度一般长达6米~7米，最长的为1974年培育
出的长尾鸡的尾羽，其长度为12.5米。如果让
这只长尾鸡站在四层楼房的阳台上，它的尾羽
则可以拖到底楼地面上，堪称世界上最长的鸟
类羽毛。

鸟儿认路的本领

　　北极燕鸥是候鸟中迁飞路程最远的，每年都要从北极飞到南极过冬，行程超过36000千米。像这样长距离飞翔的鸟儿，必须随时知道自己的位置和方向，不然就会在飞翔途中迷路。

　　鸟儿没有指南针，也没有地图，可是很多候鸟却年年都能返回旧巢繁殖下一代。

有人在迁徙季节把椋鸟放在圆形鸟笼里，发现当有阳光的时候，椋鸟会对着一个方向不断地拍翅膀，急着要飞出去。

它们要飞出去的方向，和野外椋鸟迁移的方向是相同的。如果是阴天，笼里的椋鸟就没办法辨别方向了，这证明白天飞翔的鸟类靠太阳辨别方向。

在天气不好，看不到太阳和星星的时候，有人用鸽子做实验，在鸽子身上绑上电池和线圈以产生人工磁场，发现人工磁场会干扰鸽子回家的能力，这证明鸟类能感受到地球的磁场，并且利用磁场来识别飞翔路线。

有人在远离企鹅故乡几百千米以外的地方，将一只只企鹅分别放进洞穴里，然后在上面盖上盖子。

那里一马平川，没有任何标记和特征。然后他们在3个不同位置的观测塔上，观察放企鹅的地方。过了一段时间，企鹅从洞里出来了。

起初，那几只企鹅不知所措地徘徊了一阵，随后就不约而同地把头转向它们的故乡所在的方向。

　　经过多次观察，科学家们认定，企鹅识途与太阳有关，而与周围环境无关。它们体内的指南针，是以太阳来定方向的。

　　还有人做过实验。他们把鸟放在天文馆里，播放夜间的天象状况。当天空出现北欧秋天的星座时，鸟就把头转向东南；当出现巴尔干天空的星座时，鸟便将头转向南方；当出现北非夜空时，鸟便朝正南飞。看来，候鸟在晚上飞翔是靠着星辰来辨别方向。

拓展阅读

　　鸟类靠积聚在体内的脂肪补充它们飞翔中消耗掉的能量。尽管鸟类在迁徙中具有非凡的识途能力，但总有一些鸟飞到了并非它们所要去的地方。之所以造成这种现象，可能是由于鸟身体的脂肪过少，维持不了全程的旅途。

最不怕冷的企鹅

　　冬天来了，我们穿上厚厚的毛衫，还是冷。我们再穿上厚厚的棉袄或滑雪衫，好像还是挡不住呼啸而来的西北风。可是，在冰天雪地的南极，摇摇晃晃的企鹅们一点儿也不觉得冷，它们不但照样到冰冷的海水里去抓鱼吃，还要在这样的气候下生儿育女。它们为什么就不怕冷呢？

　　企鹅是最古老的一种游禽，是一群不会飞的鸟类。化石显示，最早的企鹅是能够飞的，但到了65万年前，它们的翅膀慢慢

演化成了能够下水游泳的鳍肢，成为现在的企鹅。企鹅双脚基本
上与其它飞行鸟类差不多，但它们的骨骼坚硬，并比较短且平。
这种特征配合有如船桨的短翼，使企鹅可以在水底"飞行"。

　　企鹅的主要食物是鱼类、甲壳类和软体动物等。南半球陆地
少，海洋面宽，水产丰富，为企鹅提供了充沛的食物来源。企鹅
双眼由于有平坦的眼角膜，可在水底及水面看东西，双眼可以把
影像传至脑部作为食物来源。企鹅没有牙齿，但舌头以及上颚有
倒刺，以适应吞食鱼虾等食物。

　　南极是地球上最寒冷的地方，人们曾测得这里的最低温度是
零下88.3摄氏度。企鹅世世代代生活在南极，早就练就了一身适

应南极恶劣环境的硬功夫，可以说是最不怕冷的鸟类。

企鹅和人类一样，都是温血动物，为了不让热量跑出去，它们的身上一共穿了4层"衣服"：

第一层"衣服"是最外层的，又密又细的羽毛，均匀地覆盖住全身，连水都透不进去。

第二层"衣服"则是空气，能绝缘保暖，使热气不容易散失，效果比穿上羽绒衣还好。

企鹅的羽毛和皮肤之间有一层空气，因此企鹅在刚下水游弋时，羽毛会比较蓬松，身体上会不停地冒出小气泡，目的就是为了让空气散开，好让身体顺利潜进水里。一上岸则会不停地甩甩身子，一方面是甩水，另一方面则是借着甩身体的动作，让空气又再回流到身体内部，保持体温。

第三层才是皮肤。

第四层则是厚厚的脂肪，也起着保温的作用。

在这些先进的保暖措施下，不但海水难以浸透，就是气温在零下近100摄氏度，也休想攻破它保温的防线。

企鹅不怕冷却怕热，因为企鹅没有办法脱下它身上的羽绒衣服。

所以，海洋水族馆在养育了企鹅以后，一定得为它们创造一个比较寒冷的环境，要不然，用不了多久，企鹅就会热得受不了而有生命危险。

拓 展 阅 读

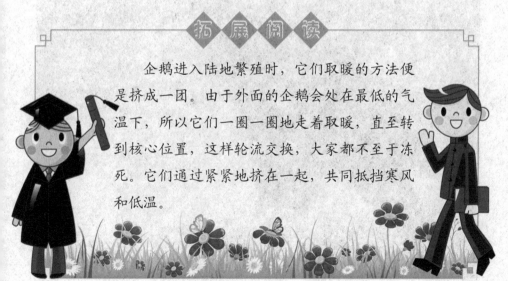

企鹅进入陆地繁殖时，它们取暖的方法便是挤成一团。由于外面的企鹅会处在最低的气温下，所以它们一圈一圈地走着取暖，直至转到核心位置，这样轮流交换，大家都不至于冻死。它们通过紧紧地挤在一起，共同抵挡寒风和低温。

真正的千里眼老鹰

　　老鹰泛指小型至中型的白昼活动的隼形类鸟，尤指鹰属的种类，包括苍鹰和雀鹰。

　　老鹰的种类很多，全世界计有190多种，绝大多数的鹰对人类利多害少，但人们仍普遍对之抱有偏见。

食肉动物，老鹰虽偶然捕食家禽和小型鸟类，但通常以小型哺乳类、爬虫类和昆虫为食。会捕捉老鼠、蛇、野兔或小鸟。大型的鹰科鸟类，如雕可以捕捉山羊、绵羊和小鹿。

老鹰有多种觅食技能，但追捕猎物的主要方法是掠过或敏捷地追逐拼命逃跑的动物。一旦用它强有力的爪抓住猎物，就以其尖锐而强健的喙肢解猎物。

老鹰有一副强壮的脚和锐利的爪，便于捕捉动物和撕破动物的皮肉。

老鹰的喙大，胃肠发达，消化能力强，吃下去的老鼠，一会儿功夫就被消化得精光。

鹰科鸟类中的秃鹫，体型大，专食腐肉，它能轻易飞越海拔7000米以上的山脊，是动物中的飞高冠军。鱼鹰通常在江上空盘旋，一旦发现游鱼，它就像利箭似的直插水面。

老鹰多数在白天活动，即使它在千米以上的高空翱翔，也能把地面上的猎物看

得一清二楚。

人的眼睛要看清20米以外的小虫子是一件困难的事，但对老鹰来说可十分容易，鹰甚至能看得清100米外的小虫子。

老鹰的视力如此锐利，完全得益于它们发达的视觉系统。

鹰眼视网膜上的锥状细胞特别多，每立方厘米大约有150万个，可是人眼睛里却只有20万个，也就是说鹰的视力比人的眼力锐利8倍。

远处有蝗虫时，人的眼睛只能看到很模糊的形象，但一般的鸟却能看得很清楚。这是因为鸟类视网膜上的中央凹比人类多一个，专门用来看侧面的物体，使视野加宽。

另外，鸟类的眼睛视网膜上有突出的像梳子一样的器官，这种梳状体的作用是使进到眼睛里的影像变得清晰。

人类眼睛的视力没办法和鹰相比较，就是与一般鸟相比，也会自叹不如。

老鹰因为眼睛有这几大特点，虽然它没有使用望远镜，也真称得上是千里眼呢！

拓 展 阅 读

鹰类捕捉食物时，常以惊人的速度俯冲下来，用张开的利爪猛扑过去，猎物立刻就被抓死。游隼是飞速最快的鹰，可以用至少每小时180千米的速度从空中垂直俯冲扑向猎物。

"森林卫士" 啄木鸟

　　森林里有许多像天牛一类的害虫，它们为避开人类的视线，就拼命地往树干里钻，有的一直钻到树干的中心，把树木给蛀死，人类拿它们真没法子。

　　啄木鸟是消灭这些害虫的能手，它长着又尖又硬的长嘴，像把木匠用的凿子，经常"笃笃"地敲击树干，它根据声音能判断

出害虫躲藏的位置。啄木鸟能够在树干和树枝间以惊人的速度敏捷地跳跃。它们能够牢牢地站立在垂直的树干上，这与它们足的结构有关。啄木鸟的足上有两个足趾朝前，一个朝向一侧，一个朝后，趾尖有锋利的爪子。啄木鸟的尾部羽毛坚硬，可以支在树干上，为身体提供额外的支撑。它们通常用喙飞快地在树干上敲击，那些藏在树干里面的害虫，被敲击震得晕头转向，四处乱窜，常常自己爬出来，送到啄木鸟的嘴边。

如果害虫不出来，或者里面藏的是不会动的虫卵，啄木鸟便把舌头沿着害虫挖的隧道伸进去，将害虫和虫卵连钩带粘地拖到洞外。

啄木鸟的舌细长而富弹性，其舌根是一条弹性结缔组织，它从下腭穿出，向上绕过后脑壳，在脑顶前部进入右鼻孔固定，只留左鼻孔呼吸。

这种"弹簧刀式装置"可使舌能伸

出喙外达12厘米长，加上舌尖生有短钩，舌面具有黏液，所以舌能探入洞内钩捕30余种树干害虫，不管害虫或虫卵藏得有多深，都逃不脱它这样的舌头。啄木鸟每天敲击树木约为500次至600次，啄木的频率极快，这样它的头部则不可避免地要受到非常剧烈的震动，但它既不会得脑震荡，也不会头痛。

原来，在啄木鸟的头上至少有3层防震装置，它的头骨结构疏松而充满空气，头骨的内部还有一层坚韧的外脑膜，在外脑膜和脑髓之间有一条狭窄的空隙，里面含有液体，这样就会减低震波的流体传动，起到了消震的作用。

由于突然旋转的运动比直线的水平运动更容易造成脑损伤，所以在它头的两侧都生有发达而强有力的肌肉，可以起到防震、消震的作用。

一只啄木鸟每天能消灭上千条藏在树干里的害虫，在育雏期间，每天还要喂给小啄木鸟上百条虫子。

在我国分布较广的啄木鸟种类有绿啄木鸟

和斑啄木鸟。它们觅食天牛、吉丁虫、透翅蛾、蠹虫等有害虫，
每天能吃掉大约1500条。一对啄木鸟可以使几百亩的森林免遭虫
害，所以人们都说啄木鸟是"森林的卫士"！

拓 展 阅 读

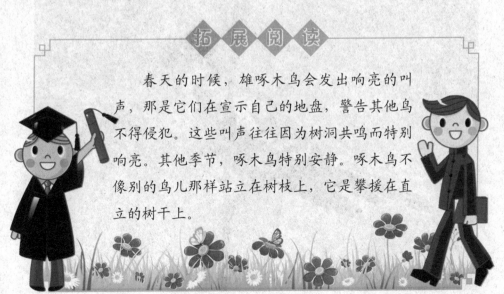

春天的时候，雄啄木鸟会发出响亮的叫
声，那是它们在宣示自己的地盘，警告其他鸟
不得侵犯。这些叫声往往因为树洞共鸣而特别
响亮。其他季节，啄木鸟特别安静。啄木鸟不
像别的鸟儿那样站立在树枝上，它是攀援在直
立的树干上。

借巢孵卵的杜鹃

　　春末夏初，常常可以听到"布谷！布谷！"的叫声，或者叫
"早种包谷！早种包谷！"或者叫"不如归去！不如归去！"。

　　这种声音清脆、悠扬，非常悦耳动听。山民们都叫它"布谷
鸟"，实际就是杜鹃。它是催春鸟，吉祥鸟，因此也叫"布谷
鸟"与"子规鸟"。相传它是望帝杜宇死后的化身变的，而杜宇
又是历史上的开明皇帝，当他看到鳖灵相治水有功，百姓安居乐

业，便主动让王位给他，他自己不久就去世了。他死后便化作杜鹃鸟，日夜啼叫，催春降福，所以这种鸟十分逗人喜爱。 普通杜鹃身长约16厘米，羽毛大部分或部分呈明亮的鲜绿色。

大型的地栖杜鹃身长可达90厘米。多数地栖杜鹃呈土灰色或褐色，也有些身上有红色或白色的斑纹。有些热带杜鹃的背上翅膀上有像彩虹一样的蓝色。

杜鹃的翅短，尾巴较长，有的特别长。尾巴羽毛的尖端还点缀着白色。地栖杜鹃的腿比树栖杜鹃长。脚掌前后有双趾。喙粗壮结实，有点向下弯曲。

杜鹃栖息于开阔林地，特别在近水的地方。常晨间鸣叫，连续鸣叫半小时方稍停息。它生性胆小，常隐伏在树叶间，平时仅听到鸣声，很少见到它。

杜鹃鸟特别懒，自己从来不筑巢，也不会孵卵，而是喜欢偷偷地把卵产在其他鸟的巢里，让别的鸟替它孵卵和哺育幼鸟。

杜鹃的体型比较大，腹部长着许多条纹，样子和雀鹰非常相似。杜鹃要产卵的时候，通常模仿雀鹰飞翔的姿势飞到森林中，

许多鸟都被吓得飞离巢穴。

杜鹃看哪个巢里的卵和自己的卵花纹相差不多，就吃掉一枚巢里的卵，迅速产下一枚卵便飞走了。

其他的鸟由于没看穿杜鹃的鬼把戏，还和以前一样尽心尽力地孵卵。杜鹃的卵孵化得特别快，只需12天小杜鹃就出壳了。

小杜鹃还未睁开眼睛，就开始做坏事了：它倒退身体，把巢里的卵挤到自己的后背上面，然后将身体一挺，就把卵扔到巢外去了。

不管巢里有几个卵或幼鸟，小杜鹃都会把它们一个一个地都

扔出去。这样，它才能独自享受养父母找到的食物。

　　虽然杜鹃产卵的方法很自私，但它是益鸟，因为它最爱吃松林中的害虫——松毛虫，这是鸟类都不大吃的食物。

拓 展 阅 读

　　非寄生性杜鹃：在世界各地也生活着一些非寄生性杜鹃。北美洲的代表是黄嘴美洲鹃和黑嘴美洲鹃。美国佛罗里达，西印度群岛及南美北部有一种名叫小美洲鹃。中南美洲还有12种非寄生性地鹃，有些种归属蜥鹃属和松鹃属。

"空中强盗"贼鸥

在南极，有一种褐色海鸥叫贼鸥，听其名，就会知道它大概不是什么好东西，人们把它称为"空中强盗"。

尽管它的长相并不十分难看，褐色、洁净的羽毛，黑得发亮的粗嘴喙，目光炯炯有神的圆眼睛，但其惯于偷盗抢劫，给人一种讨厌之感。

贼鸥大约有半米多长，嘴的前端是尖钩形的，十分凶猛。贼

欧喜欢吃鱼，偶尔也吃各种鼠类，经常袭击并捕捉企鹅和鲣鸟的幼雏。

有时，贼鸥趁着大海豹不在，还会袭击小海豹。它会用翅膀扑打，用钩子一样的尖嘴猛啄小海豹，等大海豹回来时，小海豹早已经被它啄得血肉模糊了。

贼鸥是企鹅的大敌。在企鹅的繁殖季节，贼鸥经常出其不意地袭击企鹅的栖息地，叼食企鹅的蛋和雏企鹅，常常闹得鸟飞蛋打，扰得四邻不安。

它们亦会两只共同合作，即一只在前头引开欲攻击之企鹅，另一只在后头取其蛋，贼鸥之所以被誉为是"空中强盗"，主要就是因为它抢夺其他鸟类捕到的食物。

当看到其他海鸟捕到鱼时，贼鸥马上就进行突然袭击，咬住人家的尾巴或翅膀，要不然就用身体冲撞，其他海鸟被它突如其

来的行为吓得扔掉鱼逃跑以后，它在鱼掉落到海里之前迅速接住，然后自己吞食掉。

有时，鲣鸟把捕到的鱼藏在嗉囊里带回去哺育幼雏，贼鸥就在半路截住鲣鸟厮打，直至鲣鸟迫不得已将嗉囊里的鱼吐出来才肯罢休。

而后，得逞的贼鸥会毫不客气地将抢来的鱼吃个精光。它一旦填饱肚皮，就蹲伏不动，消磨时光。

贼鸥好吃懒做，不劳而获，它从来不自己垒窝筑巢，而是采取霸道手段，抢占其他鸟的巢窝，驱散其他鸟的家庭。

懒惰成性的贼鸥，对食物的选择并不十分严格，不管好坏，只要能填饱肚子就可以了。

除了鱼、虾等海洋生物外，鸟蛋、幼鸟、海豹的尸体和鸟兽的粪便等都是它的美餐。

　　贼鸥还给科学考察者带来很大麻烦，如果不加提防，随身所带的食品，就会被贼鸥叼走。当人们不知不觉走近它的巢地时，它便不顾一切地袭来，"唧唧喳喳"在头顶上乱飞，甚至向人们俯冲，又是抓，又是啄，还向人们头上拉屎。

拓 展 阅 读

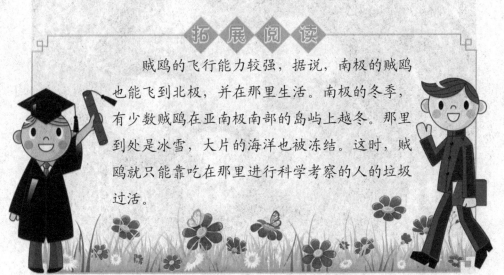

　　贼鸥的飞行能力较强，据说，南极的贼鸥也能飞到北极，并在那里生活。南极的冬季，有少数贼鸥在亚南极南部的岛屿上越冬。那里到处是冰雪，大片的海洋也被冻结。这时，贼鸥就只能靠吃在那里进行科学考察的人的垃圾过活。

"雀中猛禽"伯劳鸟

伯劳鸟类性情凶猛，有"雀中猛禽"之称。它是一种凶猛的小鸟，分布于除澳大利亚和拉丁美洲以外的各个大陆。

我国的伯劳鸟大部分为候鸟，常见的有棕背伯劳、红尾伯劳、虎纹伯劳等。

伯劳鸟褐背白肚，上嘴钩曲，眼部有黑线。它们的主要特点

是嘴形大而强，上嘴先端具钩和缺刻，略似鹰嘴。翅短圆，通常呈凸尾状。

伯劳虽属鸣禽，比麻雀稍大，但嘴大爪利，性情非常凶猛残忍，鸣声尖锐响亮。伯劳鸟鸣叫时常昂头翘尾；鸣叫有力，并能模仿别的鸟鸣声。

它们一般是在杨树、刺槐、杏等树上筑巢。

伯劳鸟嗜吃小形兽类、鸟类、蜥蜴等各种昆虫以及其他活动物，有时甚至能捕杀比它身体还大得多的鸟类和兽类。伯劳鸟到了秋冬期间，捕捉不到猎物，就经常吃这些贮藏物，没吃完的就一直挂在那里。

它们有一个很特殊的习性，就是往往将猎取的小动物贯穿在

荆棘、细的树枝甚至铁丝网的倒钩上，然后用嘴撕食物。

有时，伯劳鸟将捕获的昆虫、青蛙或蜥蜴等贯穿在没有长树叶的树枝上，但事后却忘记了来撕食物，经过风吹日晒之后，这些小动物就变成了干瘪的尸体。

过时候，树枝梢上长出了分枝和绿叶，就变成了一种非常奇怪的现象：在一条树枝上穿着几个昆虫、青蛙或蜥蜴之类的又干又瘪的尸体，而枝梢上却长出了繁茂的细枝和绿叶。

这个"恶作剧"的做法使伯劳鸟在西方国家得到了"屠夫鸟"的恶名。

在猎食时，伯劳鸟往往先在距离猎物较远的地方窥视着，然后一步一步地慢慢靠近，等到快要接近目标时，才突然猛扑过去。

有时候，伯劳鸟也会静静地栖息在树枝上，久久不动，等着小昆虫自投罗网。如果捕到的猎物一时不准备吃，就挂在自己地盘内

的树枝上或铁丝网的尖刺上。

伯劳鸟由雌鸟孵蛋，大概两个星期就可以出生，出生后由雌、雄鸟共同喂食，12天后幼鸟就可以离巢自立了，但它们有时也会回来向父母要些食物。伯劳鸟有着很强的母性，当有蛇类动物想攻击它的巢穴时，伯劳鸟会拼命反击，保护它的幼鸟。

拓 展 阅 读

由于伯劳鸟的生活环境是开阔的草原、牧场，随着人类城市的扩建和牧场的机械化耕种，伯劳鸟的生存环境越来越小，这导致了伯劳鸟数量的逐年减少，我们能看到这坚强、富有个性的鸟儿的机会也会越来越少。

大型海鸟信天翁

　　信天翁是一种大型海鸟，也被认为是最长寿的鸟，漂泊信天翁大约能活80岁。信天翁的体长约1米，展开双翅可达4米。

　　信天翁也是出了名的食腐动物，喜食从船上扔下的废弃物。它们的饮食范围很广，但经过对它们胃内食物成分的详细分析，

发现鱼、乌贼、甲壳类构成了信天翁最主要的食物来源。它们主要在海面上猎捕这些食物，但偶尔也会像鲣鸟一样钻入水中。

信天翁飞翔能力特别强，速度也很快，一天连续飞翔可达400千米至600千米。它特别善于滑翔，尤其擅长借助风势飞翔，可以在海面上不扇动翅膀飞翔几个小时。它们需要逆风起飞，有时还要助跑或从悬崖边缘起飞。无风时，则难于使其笨重的身体升空，多漂浮在水面上。

正因为风可以帮助它滑翔，所以当海面上大风将起时，也正是信天翁最高兴最活跃的时候。但是，这种天气对于出海捕鱼的人来说是最糟糕的。渔民一见到信天翁大量聚集海面上空，就知道天气要变坏，得赶快寻找避风港。

信天翁保卫地盘的意识特别强。当遇到外敌入侵时，它们会在鸟王的呼唤和带领下，奋力与敌人搏斗，赶走敌害。如遇强敌，它们会宁死不屈，保卫家园。

信天翁仅在繁殖时才成群地登上远离大陆的海岛。

在那里，它们成群或成对从事交配行为，其中包括展翅和啄嘴表演，伴随着大声鸣叫。

之后，每窝会出产一枚大白卵。卵产在地面上或简易堆起的巢里，孵卵是分工合作的，雌的专门负责孵卵，雄的专门在巢外负责警卫，孵卵需75天～82天。

幼雏成长很慢，尤其是大型种类者；幼雏孵出后3个月～10个月才长齐飞羽，之后在海上渡过5年～10年，在到陆地配对前，换过几次羽。它们在岸上表现得十分驯顺，因此，许多信天翁又俗称"呆鸥"或"笨鸟"。

漫游信天翁是南极地区最大的鸟，也是世界鸟类之王。它身披洁白色羽毛，尾端和翼尖带有黑色斑纹，躯体呈流线型，展翅飞翔时，翅端间距可达三四米。

　　它日行千里，习以为常，连飞数日，仍不觉疲倦，甚至绕极地飞翔也锐气不减。漫游信天翁被航海家誉为"吉祥之鸟"和"导航之鸟"。

　　船只航行在咆哮的南大洋上时，通常可以看到它们不辞劳苦，飞奔而至，盘旋翱翔，为船只领航。

拓展阅读

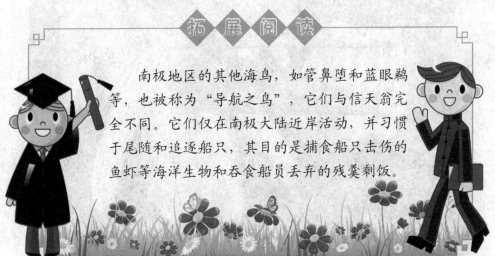

　　南极地区的其他海鸟，如管鼻堕和蓝眼鹈等，也被称为"导航之鸟"，它们与信天翁完全不同。它们仅在南极大陆近岸活动，并习惯于尾随和追逐船只，其目的是捕食船只击伤的鱼虾等海洋生物和吞食船员丢弃的残羹剩饭。

用嘴巴养育后代的鹈鹕

鹈鹕生活在水边，鱼是它的主要食物。它有一个长长的大嘴巴，嘴巴下面还连着一个大大的具有弹性的囊。这个囊是它最显著的特征，也是它谋生和养育后代的重要工具。

鹈鹕和鸬鹚一样也是捕鱼能手。它的身长150厘米左右，全身

120

长有密而短的羽毛，羽毛多为桃红色或浅灰褐色。

在它那短小的尾羽跟部有个黄色的油脂腺，能够分泌大量的油脂，闲暇时它们经常用嘴在全身的羽毛上涂抹这种特殊的"化妆品"，使羽毛变得光滑柔软，这种油脂还能让它在游泳时滴水不沾。

鹈鹕颌下的囊像一张性能优良的渔网，当水中有许多小鱼时，它就张开嘴巴把囊一同放入水里向前游去。过一会儿，囊里就装满了水和鱼。鹈鹕把嘴巴一闭，将水从囊中挤出来，鱼就留在了囊里，这样的动作重复几次，囊里就装满了鱼。

有时，鹈鹕也会结队围着一群鱼组成马蹄形，然后一起把嘴伸到水里，很容易就能逮到鱼。鹈鹕的大嘴里能装大约15千克的鱼，或者14千克的水，如同一个大水桶。

到了繁殖季节，鹈鹕便选择人迹罕至的树林，在一棵高大的

树木下用树枝和杂草在上面筑成巢穴。

鹈鹕通常每窝产3枚卵，卵为白色，大小如同鹅蛋。小鹈鹕的孵化和育雏任务，由父母共同承担。

当小鹈鹕孵化出来后，鹈鹕父母将自己半消化的食物吐在巢穴里，供小鹈鹕食用。

小鹈鹕再长大一点时，父母就将自己的大嘴张开，让小鹈鹕将脑袋伸入它们的喉囊中，汲取食物。

有时小鹈鹕就站在父母的大嘴里吃食。孩子们就在这个特殊的"大碗"里尽情地享用美餐。

鹈鹕从水面起飞的时候，它先在水面快速扇动翅膀，双脚在水中不断划水。在巨大的推力作用下，鹈鹕逐渐加速，然后，慢

慢达到起飞的速度，脱离水面缓缓地飞上天空。有的时候，吃得太多，显得非常笨重，就不能顺利地起飞，只能浮在海面了。

鹈鹕在陆上动作很笨拙，但飞翔姿势优美。通常成小群飞翔，在高空翱翔并经常一齐拍动翅膀。

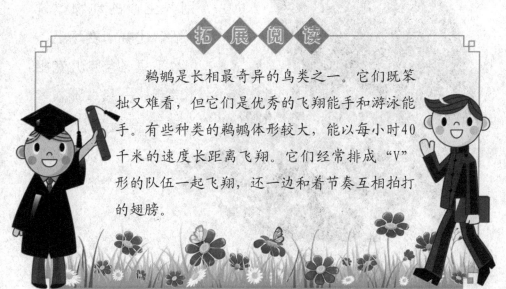

拓 展 阅 读

鹈鹕是长相最奇异的鸟类之一。它们既笨拙又难看，但它们是优秀的飞翔能手和游泳能手。有些种类的鹈鹕体形较大，能以每小时40千米的速度长距离飞翔。它们经常排成"V"形的队伍一起飞翔，还一边和着节奏互相拍打的翅膀。

能学人说话的鹦鹉

从古至今，鹦鹉学舌的出色本领，引起人们的莫大兴趣。

有趣的是一英国妇女饲养的一只鹦鹉。一天，这只鹦鹉在树林中迷了路，被一个农民捉住。鹦鹉到农民家后，反复念叨一个6位数字。农民感到奇怪，他试着按这个数字拨电话，果然找到了鹦鹉的女主人！

美国曾举行过一次别开生面的动物"说话"比赛。赛场上，数千只各色鸟儿竞相学舌，一只非洲灰鹦鹉夺得冠军。它一口气"说"出了1000个不同的英语单词。

鹦鹉是鸟类，为什么它们能学会说人话

呢？其实鹦鹉会说人话，只是说它们能模仿人说话的声音，至于所学的话是什么意思，它们可就完全不知道了。

鹦鹉为什么会说话，其实秘密就在于它特殊的生理构造：鸣管和舌头。

虽然都会说话，但鹦鹉的发声器与人类的声带有所不同，鹦鹉的发声器叫鸣管，位于气管与支气管的交界处，由最下部的3至6对气管膨大变形后与其左右相邻的3对变形支气管共同构成。

一般的鸟儿能够发出不同频率、不同的高低声音，那是因为当气流进入鸣管后，随着鸣管壁的震颤而发出不同的声音。而鹦鹉的发声器官除了具备最基本的鸟类特征之外，其构造比一般的鸟儿更加完善。

在鹦鹉的鸣管中有四五对调节鸣管管径、声率、张力的特殊

肌肉，即鸣肌。在神经系统的控制下，鸣肌收缩或松弛，从而发出鸣叫声。

在整个器官构造上，鸣管也与人的声带构造很相近，只不过人的声带从喉咙至舌端有20厘米，呈直角，而鹦鹉的鸣管至舌段有15厘米，呈近似直角的钝角。鹦鹉的鸣管的这个角度就是决定发音的音节和腔调的关键，越接近直角，发声的音节感和腔调感越强，鹦鹉就能够像人类一样发出抑扬顿挫的声音和音节。

再说舌头，鹦鹉的舌头非常发达，圆滑而肥厚柔软，形状也与人的舌头非常相似，正是因为具备了这些标准的发声条件，鹦

鹉便可以发出一些简单但准确清晰的音节了。

鹦鹉有美丽的羽毛，乖巧机敏的灵性，还能模仿人的语言，因此备受人们的宠爱。

拓 展 阅 读

鹦鹉能说话是众所周知的。除鹦鹉外，鹩哥、八哥也能学人语。能学人语的鸟首先是善于模仿其他鸟的鸣声；其次是口腔较大并且舌多肉、柔软而呈短圆形；除此之外还具备性情温顺易驯、不羞涩等特点。

蜂鸟的飞翔特技

蜂鸟是世界上最小的鸟，同人的拇指大小相近，产于南美洲。蜂鸟的蛋是世界最小的蛋，只有豆粒般大小。蜂鸟的嘴细长，呈管状，舌能自由伸缩。

蜂鸟体强，肌肉强健，体羽稀疏，外表鳞片状，常显金属光泽。少数种雌雄外形相似，但大多数种雌雄有差异。后一类的雄

鸟有各种漂亮的装饰，颈部有虹彩围涎状羽毛，颜色各异。其他特异之处是由冠和翼羽的短粗羽轴，抹刀形、金属丝状或旗形尾状，大腿上有蓬松的羽毛丛(常为白色)。它有很高的飞翔技巧和惊人的速度。

蜂鸟的翅膀短小而有力，扇动速度达到每秒钟70次，是鸽子的10倍，它具有其他鸟没有的飞翔特技，能倒退飞翔，是唯一可以向后飞的鸟；能停在空中不动；还能像直升机一样垂直升降。

这些飞翔特技一是因为它的翅膀扇动速度快；二是因为它翅膀前端有转轴关节，能使翅膀变换方向，自由调节。

蜂鸟的体型虽小，但它的耐力却很大，每年它都要飞越800千米宽的墨西哥湾去"旅行"。

它还能飞到海拔5000米的高山上去采集花蜜。像这样的飞

翔，绝大部分鸟是无法办到的。

尽管蜂鸟的大脑最多只有一粒米大小，但它们的记忆能力却相当惊人。来自英国和加拿大的科研人员发现，蜂鸟不但能记住自己刚刚吃过的食物种类，甚至还能记住自己大约在什么时候吃的东西，因此可以轻松地吃那些还没有被自己品尝的东西。最令人吃惊的是蜂鸟的心跳特别快，每分钟达615次。

大部分蜂鸟都有迁徙的习性。迁徙距离最远的是红褐色蜂鸟和红喉蜂鸟，它们甚至能飞至3000千米之外的栖息地。生长在美国威斯康星州的红喉蜂鸟，每年秋季都会飞向几千千米之外的墨西哥去过冬，来年春季再飞回来。

蜂鸟在迁徙之前会吃大量的食物，以便为远距离飞翔储备足够多的脂肪能量。

蜂鸟一旦被困在有顶的围栏里面，可能无法逃脱，因为它们在遇到威胁或被困住的时候本能反应是向上飞。这将威胁到蜂鸟的生命，它们会因为体力耗尽而在短时间内死亡。

拓展阅读

由于蜂鸟的羽毛十分华丽，欧美妇女常用蜂鸟的羽毛作为帽饰物。还有商人收购蜂鸟皮，这对于蜂鸟的生存会造成很大威胁。现在，随着森林的砍伐、农业的发展，蜂鸟将无家可归，有的蜂鸟种类面临灭绝的危险。

燕子迁徙的秘密

燕子的种类很多，有家燕、雨燕、金腰燕、沙燕等，我们这里说的是家燕，也是最常见的一种燕子。

家燕喜欢和人类生活在一起，经常把巢筑在屋檐下或天花板上。它们衔来湿泥、草茎和羽毛，混合自己的唾液，堆砌起碗形的巢，在里面生儿育女。

夏天，北方的昆虫很多，刚出生的小燕子食量特别大，一天

到晚总是张着嘴讨食吃，每天吃掉的昆虫几乎等于自己身体的重量。这可把它们的爸爸妈妈累坏了，它们除了夜晚休息外，整天都不停地穿梭着飞翔，到处捕捉昆虫。据说，一窝燕子一年能吃掉50万至100万只害虫，所以，它们是最著名的益鸟。

早在几千年前，人们就知道燕子秋去春回的迁徙规律。对燕子的迁徙习性，古代的诗人曾这样描述："昔日王谢堂前燕，飞入寻常百姓家"，"无可奈何花落去，似曾相识燕归来"。

燕子在冬天来临之前的秋季，总要进行每年一度的长途旅行，成群结队地由北方飞向遥远的南方，去那里享受温暖的阳光和湿润的天气，而将严冬的冰霜和凛冽的寒风留给了从不南飞过冬的山雀、松鸡和雷鸟。

表面上看，是北国冬天的寒冷使得燕子离乡背井去南方过冬，等到春暖花开的时节它们再由南方返回本乡本土生儿育女，安居乐业。果真如此吗？

其实不然。燕子是以昆虫为食的，而且它们从来就习惯于在

空中捕食飞虫，而不善于在树缝和地隙中搜寻昆虫食物，也不能像松鸡和雷鸟那样杂食浆果、种子，在冬季改吃树叶。

可是，在北方的冬季是没有飞虫可供燕子捕食的，燕子又不能像啄木鸟和旋木雀那样去发掘潜伏下来的昆虫的幼虫、虫蛹和虫卵。

食物的匮乏使燕子不得不每年都要来一次秋去春来的南北大迁徙，以获得到更为广阔的生存空间。

　　家燕喜欢在夜里飞翔，并且飞得又高又快，所以我们一般看不到它们迁移。

　　家燕不肯在南方育雏，因为那里的夏天太热，到了春天就又飞回北方。家燕的记忆力非常惊人，不论迁徙多远，第二年都能回到自己的故居。

拓 展 阅 读

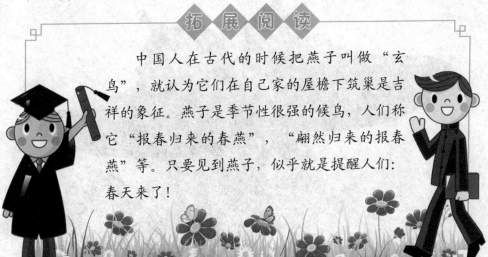

　　中国人在古代的时候把燕子叫做"玄鸟"，就认为它们在自己家的屋檐下筑巢是吉祥的象征。燕子是季节性很强的候鸟，人们称它"报春归来的春燕"，"翩然归来的报春燕"等。只要见到燕子，似乎就是提醒人们：春天来了！

昆虫过冬的形态

　　严冬即将来临，昆虫在寒冷的冬天不能出去活动，它们就纷纷忙着为过冬做准备，用不同的形态过冬。

　　很多昆虫的成虫在冬天之前都会死掉，但是它们懂得用各种方法使自己的后代度过寒冷的冬天。

　　有的昆虫以卵过冬，蟪用嘴在树皮上钻洞，将产卵管伸进去产下卵；蝗虫选择向阳的土坡，把卵产在草根附近；螳螂能做成

很大的卵块，一块就有三百至四百粒卵，连同分泌物一起形成卵囊，外面是一层很厚的保护层，粘附在向阳的树干上，不怕冰雪和寒风；寄生蜂把卵产在其他昆虫幼虫的身体里，等到了春天，这些卵都会孵化成幼虫跑出来。

有的昆虫以幼虫过冬，独角仙的幼虫藏在落叶下的泥土里；蓑蛾的孩子挂在树枝上；小松毛虫躲进树干的缝隙中；螟虫的幼虫钻进果实里；天牛的幼虫躲在树干深处错综复杂的隧道里。

当然，也有的成虫能够过冬，比如蚂蚁在巢里备足了食物，既不休眠，也不外出，而是待在巢里享受自己的劳动果实。

有的昆虫以蛹过冬。蝴蝶的幼虫在植物上吐丝，把尾巴系在植物的茎上，自己变成蛹；刺蛾的幼虫躲在树枝上，结成圆圆的

硬茧安安稳稳睡过整个冬天。

避债蛾从幼虫时期起，就用树皮和树枝做成一个"口袋"，背在身上或挂在树枝上，休息时，就躲进"口袋"里。深秋时节，它就钻进"口袋"里变成蛹，安全过冬。

黎星毛虫最喜欢吃早春的嫩芽。它们爬到老树干的向阳面，钻到树缝和老树洞里，然后脱下身上的长毛，再吐丝织成个"毛毯"，紧紧裹在身体外面，这样就不会受冻了。

蜾蠃蜂在产卵前，先用湿黏土做成一个个小"瓶子"，然后在每个"瓶子"里产一枚卵。

产完卵后，蜾蠃蜂就去抓活毛虫，每个"瓶子"里放一个，并把"瓶子"的口封起来，不让毛虫逃掉。

这样，等幼蜂孵化出来后，就可以享用妈妈给它们准备的第

一顿美餐。

　　各类昆虫不论采取哪一种形式过冬，都必须提前做好准备，先要在体内储存下足够的营养，排掉体内的水分，还要选择保温并隐蔽的地方。

拓 展 阅 读

　　　　　　切叶蜂把成沓的椭圆形叶子运到地下或空心木头里面，筑成一排排蜂房，形成椭圆形的"住宅"。住宅内备有花蜜或花粉，产卵过冬。每只切叶蜂可以建造30座蜂房，所需要的椭圆形叶子至少1000张，工程之大，让人叫绝。

蟋蟀好斗的原因

　　蟋蟀是直翅目蟋蟀科昆虫，因鸣声悦耳而闻名。蟋蟀的触角细，后足适于跳跃，跗节三节，腹部有2根细长的感觉附器（尾须）。前翅硬、革质；后翅膜质，用于飞行。雄虫通过前翅上的音锉与另一前翅上的一列齿互相摩擦而发声。

　　鸣声的速率与温度直接有关，随温度的升高而增快。最普通的鸣声有招引雌性的寻偶声，有诱导雌性交配的求偶声，还有用以驱去其他雄性的战斗声。

　　蟋蟀好斗，几乎人人皆知。蟋蟀为什么如此好斗呢？这还要从蟋蟀的生活习性谈起。

　　蟋蟀的头上有一对感觉灵敏的"天线"，即触角，它们随时随地都在向前方和左右两侧摇动，一接触到同伙的触角，蟋蟀马上就能判断出对方是同性还是异性，并立即做好准备，或是大战一场，或是笑迎伴侣。

　　雄蟋蟀摇动触角的动作刚劲有力，而雌蟋蟀则轻微柔和；蟋蟀正是根据这一差异作出抉择的。

　　蟋蟀好斗，是和雄虫独居习性分不开的。蟋蟀雄虫总是独立栖息在土穴、墙缝里，只是在交配期才和雌虫同居一处，但绝不和雄虫住在一起。这种习性，有人称为隔离习性。

　　隔离习性导致蟋蟀雄虫不能容纳别的雄虫进入它的领地。一旦有雄虫进入它的领地，它便会张牙舞爪地向对方进攻。对方也不甘示弱，以眼还眼，以牙还牙。

两位好汉争斗起来，直至败者落荒而逃，胜者振翅长鸣，似乎在报告自己得胜的消息。雄蟋蟀这种独居的占区行为，并不妨碍它传宗接代的交配活动。

当处于交配期，雄虫的两翅摩擦发声招引雌虫，还利用不同的声音刺激雌虫与它交配。

在蟋蟀家族中，雌雄蟋蟀并不是通过自由恋爱而结合的。哪只雄蟋蟀勇猛善斗，打败了其他同性，那它就获得了对雌蟋蟀的占有权，所以在蟋蟀家族中一夫多妻现象是屡见不鲜的。当然，从生物学进化论观点来分析，这也是自然选择，优胜劣汰，有利于蟋蟀子子孙孙健康昌盛。

雌蟋蟀不会鸣叫，也不善斗。区别雌雄蟋蟀除根据鸣声判断

外，主要是依据其翅纹和尾须、产卵器来区分。雄蟋蟀仅具有两根尾须，俗称二尾儿蛐蛐。雌蟋蟀不仅具有两根尾须，还有一根长长的产卵器，俗称三尾儿蛐蛐。

拓 展 阅 读

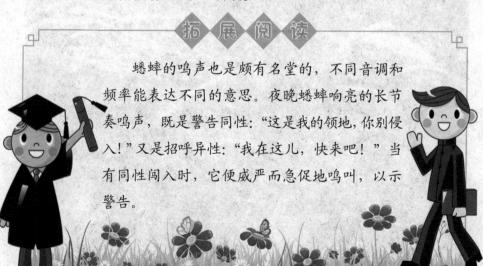

　　蟋蟀的鸣声也是颇有名堂的，不同音调和频率能表达不同的意思。夜晚蟋蟀响亮的长节奏鸣声，既是警告同性："这是我的领地，你别侵入！"又是招呼异性："我在这儿，快来吧！"当有同性闯入时，它便威严而急促地鸣叫，以示警告。

善结网的蜘蛛

温暖晴朗的日子里，在乡间，人们常常会看到一根晶莹的游丝，在空中随风飘荡。这就是蜘蛛的天桥。它先爬到高处，再放下丝来，以便在空中旅行和编织蛛网。

蜘蛛织网的本领是很高明的。它能根据地形，精确地计算出需要织多大的网，然后用最省料、又能达到最大面积的方法进行编织。

当第一根飘忽的游丝粘在树枝、墙角等处时，蜘蛛便开始忙碌起来：它先用干丝在四周拉一个框架，再拉圆网的所有半径线，然后用粘丝在辐射状的蛛丝间，密密地排成梯子状。

然后，蜘蛛爬回网中心，从里向外用干丝拉临时的螺旋丝，各圈螺旋丝之间间距较大。

其后，蜘蛛就爬到最外围，自外向网中心安置带黏性的较紧密的捕虫螺旋丝。一边结，一边把先前结的不带黏性的干螺旋丝吃掉。

蜘蛛织起网来干净利落，一张精致的丝网，不消一个小时就可竣工了。不同的蜘蛛编织的丝网是不一样的，除了圆网之外，有三角形、漏斗状的网，也有的像个倒扣的盆子。织网的蛛丝是从何而来的呢？原来，蜘蛛的腹部有个丝囊，它有6个小孔，叫喷

丝口。从这里喷出一种叫做纤丝蛋白的液体，它一遇到空气，就氧化成了坚韧透明的细丝。

蜘蛛结好网后，便伏在网的中央，"守株待兔"，等待飞虫自投罗网。一个小叶片、一根细细的枯梗，落到蛛网上了，只见蜘蛛震颤一下并不行动。可是，当一只漫不经心的飞虫撞到了网上，蜘蛛便"兴冲冲"地爬了过去，喷出粘丝把猎物捆起来，用毒牙将它麻醉，待猎物组织化成液体后，再大口大口地吮吸。

蜘蛛是怎么知道将有美味到嘴的呢？它的腿上有裂缝形状的"振动感觉器"。枯梗和树叶碰到了网上是不动的，要是撞网的是飞虫，一定会挣扎一番，这样便给蜘蛛发出了振动信号。

蛛网对于蜘蛛的生活来说是非常重要的。蛛网不仅是这种动物捕捉猎物的陷阱和餐厅，还是它们的通信线路、行道、婚床和

育儿室。

　　蜘蛛在蛛网上来回往返，为什么自己不会被黏丝黏住呢？通常，蜘蛛是把干丝作为跑道，需要在黏丝上行走时，它的8条腿会分泌出一种油作为润滑剂，这样它就能在网上进退自如了。

拓展阅读

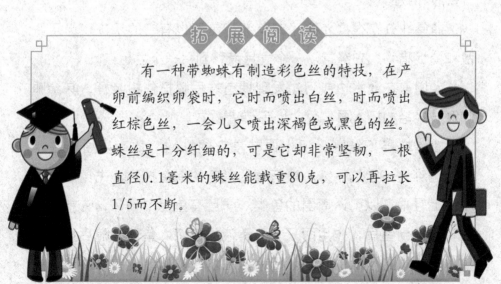

　　有一种带蜘蛛有制造彩色丝的特技，在产卵前编织卵袋时，它时而喷出白丝，时而喷出红棕色丝，一会儿又喷出深褐色或黑色的丝。蛛丝是十分纤细的，可是它却非常坚韧，一根直径0.1毫米的蛛丝能载重80克，可以再拉长1/5而不断。

能够捕鱼的蜘蛛

捕鱼蛛，又称食鱼蜘蛛，是猎杀小鱼的高手，因而得名。它生性凶猛，一般生活在水面岩壁上，主要以水面浮游生物、昆虫等为食。

捕鱼蛛生活在水面，虽不会游弋，却具有较强的潜水能力，有时能潜入水中待上一个小时，因此，捕鱼常常成为它的"主业"，捕食昆虫反而成了它的"副业"。

普通蜘蛛通常是结网捕捉昆虫，而捕鱼蛛的杀手锏却是长长的螯肢和致命毒牙。

捕鱼蛛分布很广，除了南美洲，美洲也有它的足迹。为了避敌和捕捉猎物，它经常从一个立足点移到另一个立足点。

人们常在池水边或河边发现捕鱼蛛后腿抓住树叶杆，其余腿和触肢轻轻拍打水面，耐心地等待猎物。

捕鱼蛛虽不结网，但水面就是它的蛛网。如有昆虫落在水面，也难逃出它的手掌。最有趣的是它的捕鱼技巧，先用触肢在水面上轻拍，以引诱周围的鱼类。一旦有鱼上"钩"，它就跳上鱼背，抓到鱼后，先用两只含有毒液的螯刺入鱼体，随后把鱼拖出水面，拉到干燥的陆地。因为泡在水中，毒液会被水冲淡，失

去效果。紧接着就把鱼悬挂在树枝上，最后享受美食。

捕鱼蛛也常在水下跟踪鱼类，有时钻到水中埋伏偷袭猎物。这种蛛虽然名子叫捕鱼蛛，但并不是天天捕鱼，有的甚至一生中从未捕过鱼，仅靠食虫为生。捕鱼蛛通常不会用蜘蛛丝来捕食，反而是用它来载卵，作用就好像育婴室。雌性蜘蛛只需要花很少时间便可以制造出网，载着卵到处走动。而北美洲的捕鱼蛛，甚至会滞留在网中一个星期。

2009年，在我国广西平乐县张家镇老鸦村夏城自然村旁的秀溪沿岸，也发现了一种名叫盗蛛的"捕鱼蛛"。这种蜘蛛体形较大，呈棕黄色，背部有一个非常明显的白圈。开始，专家还以为是狼蛛，但经过仔细比较，最后确定为盗蛛的一种。 不到一个小时，专家就捕捉到10多只体形较大的"捕鱼蛛"，而且还提取到两种"捕鱼蛛"的"卵袋"及"保育网"。

捕捉到的两种"捕鱼蛛"，既有雌性，也有雄性。考察发现，生活在秀溪的两种"捕鱼蛛"均属盗蛛，不仅数量较多，而且个体较大。

拓 展 阅 读

一种名叫塔兰托的毒蛛不会结网，它是全身扑过去同猎物搏斗，搏斗时会射出一种强烈的毒液，使猎物身躯慢慢溶解。这种毒蛛用一天半时间可吃掉一只鼠。它耐饿力很强，即使两年不吃东西，半年不喝水，也不会饿死和渴死。

白蚁和蚂蚁的区别

乍一看，白蚁和蚂蚁很相似，其实白蚁和蚂蚁根本不是同一类的昆虫。

蚂蚁只有7000多万年的历史，是比较高级的昆虫，它们是蜜蜂的亲戚，有腰部和长的对称的触角，后来放弃了在空中飞翔的生活，转移到泥土中挖掘地道生活。

白蚁是一种非常古老的低等昆虫，是从类似蟑螂的生物进化而来的，有25000多万年的历史。白蚁是不完全变态的昆虫，它们没有蛹期，幼虫经过几次蜕皮就变为成虫，而蚂蚁必须

先变成蛹，然后才能变为成虫。

虽然白蚁也是群居在一起过社会性生活的昆虫，但是，如果你深入到白蚁和蚂蚁的巢穴里分别去看，就会明白：白蚁和蚂蚁不是同类。

白蚁的成虫触角是串珠形的，与蚂蚁的成虫触角很不一样；白蚁的成虫前后翅大小差不多，蚂蚁的成虫前翅大后翅小；白蚁的成虫腹部各节粗细差不多，蚂蚁的成虫腰很细。

白蚁蚁王与蚁后共同建立白蚁王国，一生伴随蚁后生活；蚂蚁的蚁王与蚁后"飞行结婚"落地后即会死去。

白蚁蚁后的体型十分庞大，简直是一架产卵机器，它要和蚁

王生活在一起才能产卵；蚂蚁蚁后体型不那么大，也不需要和蚁王生活在一起。

白蚁的工蚁和蚂蚁的工蚁一样，负责蚁巢里几乎所有的工作，但是白蚁的工蚁有雌也有雄，蚂蚁的工蚁全是雌蚁。

蚂蚁可以通过吐出腐蚀性的蚁酸自卫。白蚁用各种各样的武器自卫，有的长有巨颚；有的用长鼻子向敌人喷射毒液；有的喷射速凝胶把敌害粘住。

可以从以下几个方面区分白蚁和蚂蚁：

从食性上区别。白蚁主要食木纤维的物质、一般没有贮存食物的习惯。而蚂蚁食性很广，肉食性或杂食性、有贮存食物的习惯。

从建筑结构上区别。白蚁的兵蚁和工蚁怕光，多数种类的眼睛已退化。在活动和取食的时候需要构筑蚁路、蚁道或泥被、泥

线作为遮光掩护物。但蚂蚁不畏光，一般都不修筑蚁道。

　　另外，白蚁是等翅目昆虫，繁殖蚁的翅膀有两对，比体长还长1.5倍以上，长度基本相等。

　　而蚂蚁的翅膀是一大一小的两对翅膀。当然，白蚁和蚂蚁也有相同之处，如都过着群栖的生活方式，群体里都存在不同的品级，各个品级之间分工明确又联系紧密等。

拓 展 阅 读

　　　　白蚁有着特殊的药用价值。白蚁体内存在有抗病物，这些物质对癌细胞有抑制作用。蚂蚁的寿命很长，工蚁可生存几星期甚至3年至7年，蚁后则可存活10多年，甚至50多年。一个蚁巢在一个地方可存在1年至10年。

图书在版编目（ＣＩＰ）数据

鸟兽虫鱼写真集 / 周宝良编著. -- 长春：吉林
出版集团股份有限公司，2013.10
　（图解自然科普 / 叶乃章主编. 第2辑）
　ISBN 978-7-5534-3235-9

　Ⅰ．①鸟… Ⅱ．①周… Ⅲ．①动物－青年读物②动物
－少年读物 Ⅳ．①Q95-49

中国版本图书馆CIP数据核字(2013)第226505号

鸟兽虫鱼写真集

周宝良　编著

出 版 人	齐　郁
责任编辑	盛　楠　袁　丁
封面设计	大华文苑（北京）图书有限公司
版式设计	大华文苑（北京）图书有限公司
法律顾问	刘　畅
出　　版	吉林出版集团股份有限公司
发　　行	吉林出版集团青少年书刊发行有限公司
地　　址	长春市福祉大路5788号
邮政编码	130118
电　　话	0431-81629800
传　　真	0431-81629812
印　　刷	三河市嵩川印刷有限公司
版　　次	2013年10月第1版
印　　次	2020年5月第3次印刷
字　　数	118千字
开　　本	710mm×1000mm　1/16
印　　张	10
书　　号	ISBN 978-7-5534-3235-9
定　　价	36.00元